人文科普 —探询思想的边界—

Edgar Cabanas
〔西〕埃德加·卡巴纳斯

Eva Illouz
〔法〕伊瓦·伊洛斯

著

HAPPYCRATIE

幸福学
是如何掌控我们的？

*Comment l'industrie du bonheur a
pris le contrôle de nos vies*

刘成富　苑桂冠　阎新蕾　译

中国社会科学出版社

图字：01-2019-2568号

图书在版编目（CIP）数据

幸福学是如何掌控我们的？/（西）埃德加·卡巴纳斯，（法）伊瓦·伊洛斯著；刘成富等译. —北京：中国社会科学出版社，2020.6
ISBN 978-7-5203-6197-2

Ⅰ. ①幸…　Ⅱ. ①埃… ②伊… ③刘…　Ⅲ. ①幸福—通俗读物
Ⅳ. ①B82-49

中国版本图书馆CIP数据核字（2020）第058008号

"Happycratie : Comment l'industrie du bonheur a pris le contrôle de nos vies"
by Eva Illouz & Edgar Cabanas ©Premier Parallèle 2018
This edition published by arrangement with L'Autre agence, Paris, France and
Divas International, Paris巴黎迪法国际版权代理
Simplified Chinese translation copyright 2020 by China Social Sciences Press.
All rights reserved.

出 版 人	赵剑英
项目统筹	侯苗苗
责任编辑	侯苗苗　高雪雯
责任校对	周晓东
责任印制	王　超

出　　版	中国社会科学出版社
社　　址	北京鼓楼西大街甲158号
邮　　编	100720
网　　址	http://www.csspw.cn
发 行 部	010-84083685
门 市 部	010-84029450
经　　销	新华书店及其他书店

印刷装订	北京君升印刷有限公司
版　　次	2020年6月第1版
印　　次	2020年6月第1次印刷

开　　本	880×1230　1/32
印　　张	8.75
字　　数	173千字
定　　价	72.00元

前　言

2006年，好莱坞电影《当幸福来敲门》在全球大获成功，总票房高达3.07亿美元。这部电影根据克里斯托弗·加德纳的同名畅销书改编，作者是个大富豪，因场场座无虚席的演讲而闻名遐迩。故事发生在20世纪80年代初，克里斯·加德纳（克里斯是克里斯托弗的简称）是出身于贫民区的非裔美国人，他千方百计准备证券经纪人的执照考试，目的就是想与妻子和五岁的儿子一起摆脱贫困。里根总统曾在电视上宣称，美国的经济形势不容乐观，而加德纳家的糟糕境遇也证实了这一点：他们即将交不起房租、付不起账单、养不起孩子。加德纳是个顽强不屈、天资聪颖的斗士，他十分渴望能有所作为。尽管困难重重，但是他仍然乐观无比。

有一天，加德纳路过一家著名的美国证券公司，与几个大摇大摆走出大楼的员工擦身而过。他目不转睛地盯着这些人，心想："他们看上去多么幸福啊！为什么我不能跟他们一样呢？"

加德纳暗自下定决心，要成为这家公司的经纪人。后来，凭借出色的人格魅力和交际能力，他终于成功地被录用为实习生。培训过程竞争异常激烈，而且没有一点收入。妻子琳达并不支持他，当丈夫说想要当个证券经纪人时，她会冷嘲热讽地说道，"你怎么不去当个宇航员呢？"琳达跟丈夫的性格截然相反：她是个怨天尤人的悲观主义者，是个可悲的、胆小怕事的人。在他们最艰难的时候，她一走了之，抛弃了这个家。没有妻子经济上的支持，身无分文的加德纳先是被房东撵走了，后来又被赶出了廉价旅馆。最后，他和儿子在一家流浪汉收容所勉强找到了容身之处。

尽管生活的道路崎岖不平，加德纳并没有放任自流，也没有被生活压垮：面对培训项目的经理和常青藤毕业的竞争对手，他没有将生活的困窘写在脸上，而是表现得极为出色。加德纳夜以继日，要打两份工，还要照顾儿子。他努力准备着实习期结束后的考试。有一次跟儿子打篮球，他坚定地对儿子说："无论他是谁，千万不要让他说你不成功。如果你有梦想，你就要去守护。如果你想要得到什么东西，就要付出相应的努力去争取。只有这样才行。"最终，加德纳作为最优秀的实习生之一，从事了他梦寐以求的职业。在电影快要结束时，他十分自信地说道，"这就是幸福啊！"

这部电影在全球范围内大获成功意味着什么？它生动形象地再现了当今所谓理想的"幸福"概念，以及追寻幸福在我们生活中所占的位置。幸福无处不在：电视里，电台里，书和杂志里，健身房里，餐盘里，营养学建议里，医院里，科技生活里，网络世界里，体育场里，家庭里，政治生活里，当然，还有商店货架上……"幸福"二字随处可见，不绝于耳。

"幸福"充斥着我们的头脑，最终以过度重复以至令人生厌的方式在我们的生活中抢占了中心位置。随手在某个搜索引擎中输入"幸福"二字，瞬息之间便可得到数十万条结果。21世纪以前，我们在亚马逊网站上还只能找到三百个题目中包含"幸福"一词的书籍，而如今则足足有两千部之多。除此之外，讨论"幸福"话题的推特数、照片墙网站和脸书的发帖数同样也在呈爆炸式增长。不得不承认，如今"幸福"已顺理成章被人们视为理解自我、认知世界的重要标尺；倘若真有人想要提出质疑，反倒显得离经叛道，需要莫大的勇气了。

近几十年来，随着"幸福"这一概念日益高频并变得愈加通俗，我们的理解也发生了翻天覆地的变化。我们不再相信幸福是命运或环境所决定的，不再相信幸福意味着没有忧虑，不再相信幸福是对毕生向善向美的恩赐奖赏或是对淳朴心灵的温柔抚慰。恰恰相反，幸福从此被看作是人的意愿能实现并控制的精神状态的总和，是把握个人内在优势和掌控"真我"后的结果，是唯一值得毕生追寻的目标，是可以用来衡量生命价值、个人成败、精神成长和情感发展的标准。

更为重要的是，幸福从此被视为好公民的代名词。如此看来，加德纳的故事尤其耐人寻味：电影《当幸福来敲门》之所以引人入胜，并非因为它诠释了什么是幸福，而是因为它呈现了哪种公民能获得幸福。[1]"幸福"不再是某个抽象概念，而是代表着这样一类人：他们忠于自我、顽强不屈、乐观积极、勇于创新、极富情商。在电影中，加德纳被塑造为幸福之人的完美化身；而幸福则是重要的叙事线索，电影围绕某些特定的人类学前提假设、意识形态价值与政治道德塑造并激发"自我"。

反观现实生活中的克里斯托弗·加德纳，他的故事并没有随着电影的落幕而结束。加德纳的经历鼓舞着数百万人，他力图让人们相信贫富、成败、幸与不幸其实只在于个人选择，大众媒体对此津津乐道。2006年，电影中扮演加德纳的演员威尔·史密斯多次在采访中反复强调，他之所以喜欢加德纳这个人物，是因为"他是美国梦的化身"。做客奥普拉·温弗瑞的脱口秀节目时，威尔·史密斯进一步阐述，"美国很伟大"，因为美国是"世界上唯一一个克里斯·加德纳式的人物可以生存的国家"。但是，他忘记了一点：无论是在美国还是在世界上其他任何地方，加德纳的传奇经历都只是特例。而且，他避而不谈美国是全世界收入不均和社会不平等现象最为严重的国家之一[2]，要想在美国摆脱贫穷，其困难超乎人们的想象。在美国，人们坚信悲惨命运总是个人不够努力的结果，这种观念深深植根于国家文化之中。影片正是这种普遍社会心理的最好写照：加德纳被塑造成典型的"自我成就之人"，而他努力追求社会阶层跃升的人生经历则被刻画成达尔文式的斗争过程，直到影片的最后几分钟，斗争终于换来了回报。影片传达的信息十分明确：唯才是用的制度之所以能够运转，是因为坚持不懈和个人努力总会得到回报。

电影的大获成功让克里斯托弗·加德纳摇身一变成为世界明星。在接下来的几年里，加德纳接受了几百场访问，每一次他都会分享幸福的秘密，解释电影标题中的"happyness"一词为什么用"y"代替"i"："y用在这里是为提醒人们，你自己，也只有你自己能决定过什么样的生活，你的责任心至关重要。没有人能帮到你，你的生活得靠你自己。"加德纳再次改头换面：颇有成就的证券经纪人成了赚得盆满钵满的国际演说家，他开始宣传自己的成功学教义，分享自己挥洒汗水付出艰辛得以领悟到的"智慧"。2010年，加德纳被提名为AARP乐龄会[1]的"幸福大使"，这是一个在全球拥有超过4000万会员的非营利组织。加德纳传达的信息很简单：只要有足够的意愿和相应的技能，人就可以在自我塑造、自我雕琢之后完成蜕变，而幸福也可以被创造、被传授，最终被人们牢牢握在手中。

---

[1]　AARP乐龄会是全美最大的非营利机构及无党派组织，旨在服务美国50岁以上的民众，以便使他们在逐渐年迈的过程中能够选择各自想要的生活方式。（本书脚注如无特殊说明，均为译者注。）

加德纳所言明显是自相矛盾的。他既声称幸福与个人责任（你自己、你的责任心、只有你的责任心最重要）紧密相连；与此同时，他又称人们在追寻幸福的过程中，需要像他这样的专家做向导。加德纳陷入了人类自我重塑的迷阵，他所鼓吹的即使"自我成就"的人也需要教育和指引本身就是悖论。此外，他的言论毫无新颖之处，只不过是重拾早已根深蒂固的社会传统，这种传统混合了意识形态、伪精神性与大众文化，长久以来滋养着一个规模庞大的市场，市场中贩卖的商品是关于自我蜕变、自我救赎和自我实现的故事；这是某种意义上激发情感的意淫作品，其目的在于塑造人们对自身及周遭世界的看法。这些大肆宣扬可以帮助人们得到幸福的、圣人传记式的故事在美国大众文化中层出不穷：从19世纪中叶的塞缪尔·斯迈尔斯[1]，到19世纪末的小霍雷肖·阿尔杰[2]，到20世纪50年代的诺曼·文森特·皮尔[3]，再到90年代的奥普拉·盖尔·温弗瑞[4]，他们无一例外不在讲述着

---

[1] 塞缪尔·斯迈尔斯（Samuel Smiles，1812年12月13日—1904年4月16日）是英国苏格兰作家与政府改革者。

[2] 小霍雷肖·阿尔杰（Horatio Alger Jr，1832年1月13日—1899年7月18日）是19世纪一位多产的美国作家，以少年小说而闻名。阿尔杰小说的风格大多一致，描述一个贫穷的少年是如何通过正直、努力、少许运气以及坚持不懈最终取得成功。

[3] 诺曼·文森特·皮尔（Norman Vincent Peale，1898—1993）是闻名世界的著名牧师、演讲家和作家，被誉为"积极思考的救星""美国人宗教价值的引路人"和"奠定当代企业价值观的商业思想家"，获得过里根总统颁发的美国自由勋章。

[4] 奥普拉·盖尔·温弗瑞（Oprah Gail Winfrey，1954年1月29日— ），生于美国密西西比州，美国电视脱口秀主持人、制作人、投资家、慈善家及演员，美国最具影响力的非洲裔名人之一，时代百大人物。

这样的故事[3]。

实际上，追求幸福不仅是美国文化最显著的特征之一，也是其主要政治视野之一。美国无所不用其极地鼓吹、输出、传播这种"憧憬"，妄图借助专长于"自助"题材的作家、各种各样的人生导师、商人、基金会和其他私人组织、电影业、脱口秀、名人，当然还有心理学家等大批"非政客"的介入来实现此目标。直到最近，它才开始从典型的美国政治视野拓展成为价值数十亿美元的世界级产业，在自然科学、实证科学的影响下发展起来了。

《当幸福来敲门》一书出版于20世纪90年代，当时市面上充斥着各种推销个人成功故事的肤浅书籍和好莱坞电影，因此这本书并未引起什么反响。但时至21世纪初，形势已然改变，靠着美国提供的大量资金成立于1998年的积极心理学，开始试图向全世界解释为什么追寻幸福不该只与美国人民有关。积极心理学家认为，应该把全人类与生俱来的对幸福的渴望与追寻看作自我实现的最强烈表现。他们声称，作为一门科学的学科，心理学证实了某些可以帮助人类过上幸福生活的因素确实存在，无论是谁，只要听从"专家"既简单又可靠的建议，就可以从中受益。诚然，这种理念并不新鲜，但是鉴于给出建议的是心理学家，我们似乎必须严肃对待。短短几年时间，积极心理学取得了其他任何学科前所未有的成就：幸福学在诸多大学中成为重要课程，而幸福在众多国家成为社会政治经济领域需要考虑的头等大事。

有了积极心理学，幸福不再被视为模糊不清的想法、乌托邦式的目标或难以企及的奢望。恰恰相反，它成为可以普遍实现的目标，成为可以定义成功人士必要心理条件的概念。事实证明，幸福人士身上的特征顺理成章地与加德纳这样的人物高度吻合。像加德纳一样，他们独立、真实、积极成长；他们生来就拥有坚定的自尊心和极高的情商，他们乐观、坚韧、具有创新精神。由此看来，《当幸福来敲门》的确是一部"高质量的积极心理学代言电影"。

积极心理学在21世纪初的出现，让人们把加德纳的说教奉为纯粹的科学真理，而不再只是呼吁他们振作起来对自己负责的伎俩。积极心理学的忠实信徒使出浑身解数，赋予其一种科学合理性，让积极心理学不再备受质疑。受益于此的不仅包括许多举足轻重的机构组织、众多跨国公司巨头，还有一个价值数十亿美元的世界级产业，这个庞大的产业所要推销的理念与加德纳在受邀演讲时所表达的观点并无二致：只要选择更加积极的视角看待自身以及周围环境，每个人都可以重新创造自己的生活，也都可以实现最好的自我。对许多人来说，追寻幸福从此成为一个严肃的问题，用科学的方式来面对它，对社会和心理学都将大有裨益；但另外一些人则认为，积极心理学的科学性只不过是幌子罢了。个人得以成就自我、社会得以进步的承诺看似美好，但其背后被掩藏的是积极心理学理论与实践中最基本的辩解性特征、令人不安的用途及事与愿违的负面影响。

　　怀疑论者和批评家们的担忧并不是空穴来风。会发光的不一定是金子，其外表也往往具有欺骗性，这门科学以及它向世人许下的华丽承诺，值得我们带着审慎态度近前一探究竟。

▶ ▷　会发光的不一定是金子

　　幸福是每个人都要努力实现的终极目标吗？可能是。但这丝毫不妨碍我们对幸福学家的言论持保留意见。本书并非旨在批判幸福，而是要质疑积极心理学所鼓吹的有关"美好生活"的还原论视角——尽管这种视角已经流行开来。毫无疑问，帮助人们感觉良好的意图无可指摘，甚至值得赞扬。但是，积极心理学捍卫的幸福概念是否突破了重重限制？是否排除了有争议的主张？这个概念是否会导致自相矛盾的结局？是否会带来适得其反的后果？所有答案都有待商榷。

　　我们将在随后的章节中依次从认识论、社会学、现象学和伦理学角度阐述对幸福概念所持有的保留意见。首先在认识论维度下，我们提出以下疑问：幸福学作为一门科学是否具有合理性？进一步来说，"幸福"作为一个科学而客观的概念是否合理？坦白说，幸福学是一门伪科学，它的前提假设和逻辑是存在缺陷的。实用主义哲学家查尔斯·桑德斯·皮尔士[1]曾说过，逻辑链的可靠程度取决于其最薄弱的环节；支撑幸福学的是许多缺乏依据的假设、毫无关联的理论、贫乏的方法论、未经证实的结论以及从种族中心主义出发的一概而论。因此，这门自称真实和客观的科学着实令人无法不对其进行批驳。

　　同时，基于社会学角度的思考也让我们对幸福学持保留意见。除了要判断幸福学本身正确与否，至关重要的是，要明晰哪些社会行动者认为幸福概念能带来益处，它将服务于谁的利益及哪种意识形态，倘若大范围推行将给经济和政治带来什么影响。幸福学为世人开出追寻幸福的科学良方，幸福产业应运而生且日渐昌盛，二者相辅相成共同作用，让人们不知不觉中开始相信：不论贫穷或是富有，成功或是失败，健康或是疾病，责任都在我们自己身上。这样一种声音也随之变得冠冕堂皇：社会结构不会有问题，个人的心理缺陷才是根源；用撒切尔夫人的话来说，那就是："根本就不存在社会这种东西，存在的只是个体。"铁娘子明显受到了弗里德里希·哈耶克[2]的启发。明眼人很快就能看出，

---

[1]　查尔斯·桑德斯·皮尔士（Charles Sanders Peirce，1839 年 9 月 10 日—1914 年 4 月 19 日），美国哲学家，逻辑学家、实用主义创始人。
[2]　弗里德里希·哈耶克（Friedrich August von Hayek，1899 年 5 月 8 日—1992 年 3 月 23 日）是奥地利出生的英国知名经济学家、政治哲学家，1974 年诺贝尔经济学奖得主，是新自由主义的开创者。

如今所说的"幸福"只不过是受新自由主义革命[1]强加的价值观所支配的奴仆。这场由芝加哥学派孕育而生的革命，在众多新自由主义经济学家的努力下重燃于20世纪50年代。最终，新自由主义革命成功地让全世界信服：用追求个人幸福来替代追求集体利益是唯一现实且值得颂扬的。1981年，在接受《星期日泰晤士报》采访时，撒切尔夫人毫不留情地说："近30年来的政治不停地向着集体社会的模式发展，这让我非常气恼。大家都忘记了个人才是唯一重要的事[……]改善经济就是改变看待问题的方式[……]经济就是方法；其目标是重塑人们的心灵和灵魂。"[4]我们完全有理由相信：幸福学家构想的追求幸福并非适合所有人的至善，对于他们提出的"追求幸福"这个概念，我们应该保持质疑。我们认为，这种行为象征的是个人主义社会（治疗型的、原子化的[2]）对集体主义社会的胜利。

　　我们的质疑也同样存在于现象学角度。幸福学非但一直没能达成自己设定的种种目标，就连用以吹嘘的研究成果也都自相

---

[1]　新自由主义（neoliberalism）是一种经济自由主义的复苏形式，从 1970 年代以来在国际经济政策的角色越来越重要。在国际用语上，新自由主义是指一种政治与经济哲学，强调自由市场的机制，反对国家对国内经济的干预、对商业行为和财产权的管制。在国外政策上，新自由主义支持利用经济、外交压力或是军事介入等手段来扩展国际市场，达到自由贸易和国际性分工的目的。新自由主义反对社会主义、贸易保护主义、环境保护主义，认为这会妨碍民主制度。

[2]　社会原子化（social atomization）是指由于人类社会最重要的社会联结机制——中间组织（intermediate group）的解体或缺失而产生的个体孤独、无序互动状态和道德解组、人际疏离、社会失范的社会危机。一般而言，社会原子化危机产生于剧烈的社会变迁时期。

矛盾、平淡无奇。幸福学承诺，通过治疗可以改善人们自身的缺陷，改造他们的非本真性，帮助他们更好地面对个人失败——这是幸福学的根基之所在。在此语境下，幸福摇身一变，成为强制目标，但其飘忽不定、难以名状的特征，催生了形形色色的"追寻幸福者"与"恐惧幸福者"。他们开始关注自己，不断努力改善心理缺陷，迫切希望成就更好的自我。这让幸福成为一种完美的商品，并流通于一个想方设法将人们对身心健康的执念正常化的市场上。但显而易见的是，对那些寄希望于所谓的幸福学专家们所推崇的五花八门的治疗、产品和服务的人来说，这种执念往往只会产生负面影响。

最后，我们将着眼于伦理学角度进行思考，主要从幸福与痛苦之间的关系展开。幸福学将幸福和积极性与生产能力、效用性、卓越性，甚至正常化这些概念等同起来，将不幸与上述所有概念的对立面等同起来，迫使我们在痛苦与幸福之间进行抉择。这样的立场意味着我们总是能够做出选择，而且总是拥有多个选项，就好像积极性与消极性代表截然相反的两个极端；同时也意味着，如果我们选择正确，就可以一劳永逸地摆脱生活的痛苦。人的一生中，悲剧在所难免，幸福学却坚称痛苦与幸福取决于个人选择，不把逆境视为磨砺和机遇，生活苦悲就是咎由自取。如此我们还有什么选择呢？幸福学不仅强迫我们要幸福，而且还将我们没能过上成功圆满的生活归咎于我们自己的无能。

▶▷ 整体框架

第一章，探讨幸福与政治之间的关系。首先我们将介绍21世纪初以来，幸福学研究中最具影响力的两个领域，即积极心理学与幸福经济学的兴起与蓬勃发展。我们将讨论二者的基本目标、方法论假设、在学术领域和社会中的地位及其所产生的影响。接着，我们将展示追寻幸福如何开辟出了一条连通政治的道路。幸福学家把幸福当作一个可度量的客观变量，让幸福成了一个可以在国家层面衡量社会进步程度的标尺，让政客能够以技术治国论[1]为依据，去面对敏感的意识形态问题和道德问题（如社会不平等）。

第二章，揭示幸福与新自由主义意识形态之间的关系。幸福概念有助于证明个人主义的合理性，因为它借助了实证科学里中立的权威话语以及看似非意识形态的术语。我们首先要研究的是有关积极心理学的文献，目的在于探究积极心理学的两个特征：一是积极心理学采用了许多个人主义假设，二是它提出的社会概念非常狭隘。接下来我们要试图说明，尽管积极心理学的确把握

---

[1] 技术治国论（Technocracy），也称专家治国论、技术官僚论，是一种由在技术上拥有高水平的专家控制一切决策的政体。在这种政体中，拥有知识和技术的科学家与工程师取代了传统政体中政治家、商人和经济学家的地位。在专家统治的政体中，选取决策者的标准只有一条：那就是他们在各自领域中的知识和技术水平。

住了人们有关幸福最为迫切的需求——尤其是在这个社会充满不确定性的时代，它所提出的幸福良方却催生了不足感——但是积极心理学要解决的正是这种不足感。最后，我们会讨论将幸福学引入教育体系这一行为。

第三章，讨论幸福学在企业中的作用。对想要过上幸福生活的工薪阶层来说，全身心投入工作已经成了他们在新型职场中生存的必要条件。将上述心理学模型应用于分析工薪阶层在职场中的行为举止，幸福学创建了一种全新的话语：它用来改造工薪阶层身份，帮助企业调整员工的行为模式以及他们对自身价值和个人前景的看法，有利于员工更好地适应由于企业内部的组织控制、权力的灵活性与权力分配所引发的新要求或需求。同时，我们探究"幸福"这一术语与技巧是如何让员工认同进而适应企业文化，如何让积极情绪为企业以及企业对生产力的迫切需求服务，如何把充满不确定性、前景黯淡、结构涣散、竞争激烈的劳务市场的重担转移到工薪阶层身上。

在第四章中，我们将观察到幸福在21世纪成为人们盲目崇拜的商品。它造就的是一个价值数十亿美元的世界级产业，这个产业的基础产品是积极治疗法、自助题材的文学作品、提供人生指导和职业建议的服务、智能手机上的应用软件以及形形色色用来提升自我的教材。从此，这些 "情绪商品" [1]（emodities）——也就是所有承诺改善情绪并付诸行动的服务、治疗法与产品——共同打造着人们的幸福5。这些"情绪商品"采取迂回路线：它们往往先以理论的形式出现在大学的一些院系中，随后便马不停蹄地打入其他市场——比如企业、科研基金的管理机构、有关生活方式的行业……对自我与情绪的控制、对真诚性与个人成长的追求，促使社会中的个体持续进行自我塑造，而"情绪商品"也得以在社会中不断流通运转。

第五章，展示幸福学的科学话语使用了功能性语言，它通过定义心理学与社会学的期待和标准，来评估个体的行为举止与情感，幸福学家可以据此评估个体是否健康、是否具有适应能力、是否正常。本章首先分析幸福学家对积极情绪与消极情绪的区分，这两个概念是他们从对"普通人"的研究中得出的。我们从社会学角度，揭示这种区分方式所布下的诸多陷阱，并对其提出质疑。接着，我们会分析幸福与痛苦的关系。最后，我们试图批判性地考察将痛苦视为可以回避、毫无益处且无关紧要的事物所带来的危机。

近年来，无论是社会学家、哲学家、人类学家、心理学家，还是记者、历史学家，他们通过大量著述对幸福问题展开各种批

---

[1]　Emodities 是作者自创的名词，由英语词组 emotional commodities 缩写而成。

判性讨论。其中，我们借鉴了芭芭拉·埃伦赖希[1]和芭芭拉·海尔德[2]对积极思维所具有的专制性的研究6，山姆·宾克利[3]和威廉·戴维斯[4]对幸福与市场之间关系的分析7，卡尔·西大斯托姆[5]和安德烈·斯派塞[6]对幸福意识形态的思考8，这些作品给予了我们十分重要的启发。

　　如果说这些作品能够为当今社会中关于幸福如火如荼的讨论带来些许贡献，应归功于它们采用了批判的社会学视角。立足于上述提到的关于情绪、新自由主义和治疗文化的研究成果，本书将对某些业已存在的观点展开深入探讨，同时亦将引入一些全新的观念，新自由主义资本社会下追寻幸福与权力行使模式二者之间的关系将是我们关照的重点。我们打造出"幸福制度"术语，旨在强调本书的主要目的是说明：在幸福至上的时代，一种全新的公民身份概念是如何与全新的强制性策略、政治决策、企业管理模式、个人执念和情绪等级划分相伴而生的。

---

[1]　芭芭拉·埃伦赖希（Barbara Ehrenreich，出生于 1941 年 8 月 26 日）是美国作家和政治活动家。

[2]　芭芭拉·海尔德（Barbara Held）是美国的心理学家和大学教授。

[3]　山姆·宾克利（Sam Binkley）是波士顿艾默生学院的社会学教授。

[4]　威廉·戴维斯（William Davies）是英国作家，政治学和社会学理论家，他主要研究消费主义与幸福。

[5]　卡尔·西大斯托姆（Carl Cederström）是斯德哥尔摩大学商学院的副教授。

[6]　安德烈·斯派塞（André Spicer）是来自新西兰的学者，在伦敦大学城市卡斯商学院担任教授。

| 目　录 |

| 第一章 |
你的幸福专家

"我们生活在一个疯狂崇尚心理学的时代。在这个因种族隔阂、社会不公、性别不平等而深受创伤的社会中，幸福心理学俨然已成为联结整个社会的福音书。因为无论贫穷还是富有，白皮肤还是黑皮肤，男人还是女人，异性恋还是同性恋，所有人都相信情感是神圣的，都认为拥有自尊心代表着被拯救，都相信幸福是最终目标且只能通过个人心理建设达到。"

——伊娃·S.莫斯科维茨[1]

《我们相信的是治疗法——对自我满足的美国式执念》

---

[1]　伊娃·S.莫斯科维茨（Eva Sarah Moskowitz，出生于 1964 年 3 月 4 日）是美国作家和教育家。

▶▷ 那些年，塞利格曼的雄心壮志

马丁·塞利格曼[1]曾说过，"我有一个使命"⁹，当时他未曾料想自己会在一年后当选美国心理学会主席。这个心理学会是美国规模最大的心理学家组织，有超过117500位成员¹⁰。那时，他并不清楚这项使命具体是什么，但塞利格曼很确信一旦当选主席，他必须完成这项使命¹¹。不过，那时他脑海中已经有了些想法：将心理健康研究资金提高到原来的两倍；要拓宽实验心理学领域，尤其侧重心理问题预防；要摒弃临床心理学陈旧消极的理论范式……"但归根结底"，之后塞利格曼说到，"这些都不是我最想做的事情。"¹²塞利格曼真正的目标更为野心勃勃：找到一个能够阐释人类本质、重新给心理学注入活力的心理学新视角。

塞利格曼"灵光闪现"的一刻，发生在他"意外"当选为美国心理学会主席的几个月之后。当时，他正在与五岁的女儿妮基一起给花园除草。当爸爸因为妮基到处乱扔杂草冲她吼叫时，妮基走过来，对他说："爸爸，你还记得五岁之前的我吗？三岁到五岁，我是个爱抱怨的孩子，我每一天都在抱怨。五岁生日那

---

[1] 马丁·塞利格曼（Martin Seligman，出生于1942年8月12日）是美国心理学家、教育家和作家，被称为积极心理学之父。他的习得性失助理论在理论和临床心理学中甚为流行。

天，我下决心不再抱怨了。这是我做过最难的事情了。如果我都能停止抱怨，那你应该也可以停止发牢骚。"据塞利格曼所说，"妮基一语中的"。他茅塞顿开：教育妮基不在于纠正她爱哭的毛病，而是要帮助她发掘出"最佳优势"[13]。与许多父母教育子女时所犯的错误一样，心理学也犯了错：它曾一度将注意力只集中于消极人格特征，而不是帮助个体保持积极人格特征以开发出个体的最大潜力。2000年，塞利格曼在《美国心理学家》发表专栏文章《积极心理学：入门》，文中写道，"毫无疑问，这是一个启示"[14]。塞利格曼对他的信众说："不是我选择了积极心理学，是积极心理学召唤了我。[……]积极心理学召唤着我，如同燃烧的荆棘召唤着摩西[1]。"[15]他的这番话与圣教领袖传经布道的口吻简直如出一辙。众神庇佑的塞利格曼终于找到了自己的使命，他要建立一门全新的幸福学：以此说明怎样的生活才是"值得过的生活"，揭示哪些因素才是个人成长的心理关键。

　　然而我们不难发现：塞利格曼所描绘的积极心理学图景是模糊不清的。塞利格曼把他从进化论、心理学、神经科学和哲学中吸取来的观点东拼西凑，这样随意构建的积极心理学严重缺少了连贯性与准确性，它更像是某种意向声明而非令人信服的科学成果。积极心理学的笔者们承认，"与所有选择一样，积极心理

---

[1]　摩西是《圣经》中带领以色列人走出埃及的人物，燃烧的荆棘象征着耶稣。

学这个选择也是随意的"，当谈到"这个研究领域提供的诸多视角"时，他们急忙解释是为了"激起读者的探求欲望"[16]。那么，这些视角是什么？其实在许多人眼里，这些视角着实没什么新意可言：无非是在漂亮而空洞的伪科学辞藻编织的华丽外衣下，依托强调个人能力和自我决定[1]的美国式信仰来呼吁个人成长、追求幸福的陈词滥调。追溯其发展历史并不复杂，从20世纪五六十年代的人本主义心理学，到八九十年代的适应心理学和自尊主义运动，直至21世纪，借力日渐强大的自助文化和日益增多的同盟阵营，兼容并蓄的积极心理学大张旗鼓地宣扬着"心理疗愈"[17]的必要性。

其实，正像弗朗西斯·斯科特·基·菲茨杰拉德[2]所著小说《本杰明·巴顿奇事》中的主人公[3]那样，积极心理学在其诞生之时就已苍老。不过，积极心理学创始人塞利格曼和克森特米哈伊[4]并不以为然。他们认为，这个新兴的研究领域提供的是"一个历史性的机遇[……]树立起一座真正的科学丰碑，创造一门研究如

---

[1]　自我决定论（Self-determination theory）是一个关于人类个性与动机的理论，旨在探讨人发自内心的动机，排除外在诱因与影响，定论提出了三个与生俱来的需求，如果能满足该需求，则将会为个人带来最佳的发展与进步，包括胜任(competence)、归属 (relatedness)、自主 (autonomy)。

[2]　弗朗西斯·斯科特·基·菲茨杰拉德（Francis Scott Key Fitzgerald，1896 年 9 月 24 日—1940 年 12 月 21 日）是一位美国长篇小说、短篇小说作家。

[3]　该书的主人公本杰明·巴顿是一位出生时身体年龄为 80 岁，身体会随着时间流逝日渐年轻的男子。

[4]　米哈里·克森特米哈伊（Mihaly Csikszentmihalyi）是一位美国心理学家，芝加哥大学心理系的教授。塞利格曼称其为"积极心理学的世界级领军人物"。

何实现人生价值的科学。"[18]积极情绪、人赋予自身存在的意义、乐观主义，当然还有幸福，都成了值得研究的对象。因此，积极心理学被雄心勃勃的学科倡导者们推上心理学领域的最高神坛，他们将其视为一项全新的科学事业，相信其成果能够成功传递到"其他时间和空间，甚至任何时间和任何空间"[19]。

这种观点自然会招致质疑和非议，然而塞利格曼已然下定决心要完成使命。1990年，这位昔日的行为主义心理学派拥护者已是认知心理学派的狂热捍卫者，在他所著《活出乐观的自己》一书中坦言，我们讨论的乐观主义"有时可能会阻止我们看清眼前的现实"[20]。但是，对积极心理学的顿悟深刻地改变了他："我决定立刻做出改变"[21]。塞利格曼不想看到他的研究方法被冠以哪怕是最微不足道的修饰语，无论什么修饰语——行为主义、认知主义、人本主义……他抗拒任何标签。他翘首以盼的，是开启一个完全崭新的、亟待开垦的学科领域，并且赢得尽可能多人的支持。毕竟早在20世纪90年代初期，麦克·阿盖尔[1]、埃德·迪纳[2]、鲁特·维恩霍芬[3]、卡罗尔·瑞夫[4]和丹尼尔·卡纳曼[5]等

---

[1]　麦克·阿盖尔（Michael Argyle, 1925年8月11日—2002年9月6日）是一位英国的社会心理学家。

[2]　埃德·迪纳（Ed Diener）是美国心理学家，教授和作家。

[3]　鲁特·维恩霍芬（Ruut Veenhoven）是荷兰社会学家，也是幸福学研究的先驱和世界级权威人士。

[4]　卡罗尔·瑞夫（Carol Ryff）是一位美国的心理学家。

[5]　丹尼尔·卡尼曼（Daniel Kahneman, 1934年3月5日—　）,生于英国托管巴勒斯坦特拉维夫，以色列裔美国心理学家。由于其在展望理论的贡献，获得2002年诺贝尔经济学奖。

一行人就已经在心理学领域初步尝试过用偏向实证主义的方法对幸福展开研究。当时，这些研究者提出，由于缺少严密的逻辑和严谨的方法论，以往很多理解幸福的尝试仅得到了一些带有严重个人偏见的平庸成果。虽然积极心理学家可能意识到了自己的研究方法有些荒唐，然而，《积极心理学：入门》的作者们以一句激励人心又自信满满的未来宣言结束了文章，"时代归根结底对于积极心理学是有利的[……]我们预测，积极心理学能够在新的世纪帮助心理学家理解并构建出个人、团体乃至社会充分发展的要素"[22]。

在当选美国心理学会主席之后数周时间里，不计其数的支票如大雨般纷纷落进塞利格曼的办公室。纽约那些倚仗"匿名基金会"、只与"赢家"打交道的、"灰白头发、身着深灰色西装的律师们"也向他伸出了"橄榄枝"，邀请塞利格曼到他们极尽奢华的会议室一叙，请他就"什么是积极心理学？"这个问题作"十分钟"解答，并为公众写三页纸的说明。一个月之后，他便"收到了一张150万美元的支票"。"正是得益于这些资金，积极心理学才得以传播开来，并呈现出欣欣向荣之势"[23]。就这样，积极心理学在短时间内以惊人态势迅猛发展。自2002年起，积极心理学收获的资金总额高达3700万美元。出版首部《积极心理学手册》的时机似乎已经成熟，它的问世将宣布"积极心理学正式成为独立的研究领域"。因此，《积极心理学的未来：独立宣言》

这一章节提出：以"弱点"作为根本理念、以人类行为的"病理学模型"为根基的"传统心理学"，是时候与之"决裂了"。这本手册的编辑自信地宣称，这本手册"理所当然会问世，我们认为[……]与传统心理学决裂的科学运动第一阶段圆满结束。"[24]积极心理学受到了来自全世界各地热情洋溢的评价，风靡一时；积极心理学家趁势成功地将他们的思想传播给学术界、心理学领域的自由派者和广大公众。一门关于幸福的全新科学终于诞生，通过提供心理学上的解决办法，它可以帮助人们获得生存意义、实现个人充分发展，从而收获幸福。

▶▷　昂贵的丰碑

仅仅在几年时间内，积极心理学的忠实信徒就编织出了一张覆盖全球的教研网络，从普通课程到专业大学课程，从工作小组到大型研讨会，在全世界遍地开花。通过不计其数的手册、书籍和专著作品、博客和网站，他们收集并传播了许多关于生存满足感、积极情绪和幸福的信息（通常是借助网络调查问卷的形式）。同时，他们还创办了大量学术期刊专门汇报该领域的研究进展和成果，其中就包括2000年出版的《幸福研究期刊》、2006年出版的《积极心理学期刊》以及2008年出版的《应用心理学：健康与幸福》。正如塞利格曼所说，积极心理学为自己建成了一座丰碑。然而，为数众多的科学期刊、覆盖全球的大学科研网和大众媒体的宣传造势，这些因素尚不足以解释积极心理学的迅速走红：雄厚的资金支持才是硬道理。

的确，积极心理学所享受的丰厚捐赠、其他种种资金远不止塞利格曼当选美国心理学会主席之后收到的支票。他上任后的数月甚至数年之内，大量私人团体或公共组织慕名而来，慷慨解囊，支持积极心理学的发展。2001年，约翰·邓普顿基金会——塞利格曼在就职演讲时特意颂扬过的一个宗教态度极端保守的组织——向积极心理学之父[1]捐赠了220万美元；这笔资金主要用来创建依托于宾夕法尼亚大学的积极心理学中心。控制自己的精神世界来面对不同处境，从而随心所欲改造世界，这个理念让约翰·坦伯顿爵士[2]深深着迷，因此这个项目十分吸引他。正如上文所言，2002年，《积极心理学手册》正式面世，宣布积极心理学研究领域从此取得独立地位，约翰·邓普顿亲自为其作序，他在其中说道："我强烈地希望我们能够勇往直前，希望有更多的研究人员用积极心理学的视角看待问题，希望有更多的基金会和政府能启动相关项目来支持这项高回报的革命性事业。"接下来的几年中，约翰·邓普顿基金会又出资支持了数个项目，研究积极

---

[1]　即马丁·塞利格曼。

[2]　约翰·马克·坦伯顿爵士（Sir John Templeton）是英国著名股票投资者、企业家与慈善家，是约翰·邓普顿基金会的成立者。

情绪、衰老、精神性以及生产力彼此之间可能存在的关系。2009年，约翰·邓普顿基金会再次慷慨资助塞利格曼，这次是一张580万美金的支票，用于深入研究积极神经科学、更好地探索"幸福与精神性在成功的人生中究竟扮演何种角色"。

　　资助积极心理学研究领域的并非只有约翰·邓普顿基金。多年来，为数众多规模或大或小的私人或公共组织为积极心理学事业慷慨注资，其中包括盖洛普咨询公司、梅耶森基金会、安纳伯格信托基金会和大西洋慈善会。这对积极心理学相关大学课程、学位、奖项和奖学金的设立，可谓功不可没。2008年，罗伯特·伍德·约翰逊基金会向塞利格曼捐赠370万美元，希望他和他的团队对积极健康这一概念进行研究。还有其他的机构组织，例如，美国国家老龄化研究所和美国国家补充及替代医学中心，出资赞助积极心理学探索福祉、生活满足感与幸福对健康和心理疾病预防的影响。一些跨国公司，比如可口可乐公司，也同样慷慨解囊，他们则希望积极心理学能够找到花费更少、效率更高的办法来提高生产力，减轻工作压力，鼓励员工融入企业文化。而近年来最为声势浩大的，当属成立于2008年的"士兵全方位能力培训项目"。这个项目由美国军方发起，接受塞利格曼和积极心理学中心的监督指导，投入资金达到了前所未有的1.45亿美元。2011年，《美国心理学家》发行一期专刊介绍了该项目，使之更广泛地为大众所知。塞利格曼在专刊文章中提到，引导士兵和军人了解积极情绪、幸福与精神性赋予存在的意义，"可以塑造一支心理与外在同样强大的军队"，一支"战无不胜的军队"²⁵（我们将在第五章里详细讨论）。洪水般汹涌而来的经费并非只是来自美国，从欧洲到中国、阿联酋和印度，再到其他亚洲国家，越来越多的私人组织和公共组织正源源不断地为幸福和积极心理学的研究提供赞助。

尽管塞利格曼从未表明获取资助是其优先目标，但不容忽视的是，私人赞助和公共支持源源不断，积极心理健康和心理疾病预防的科研基金显著激增。幸福学这片尚未开发的沃土，亟待从科学的角度展开探索。有太多问题需要我们回答：为什么积极情绪如此重要？如何苦中作乐？乐观与健康、乐观与生产力、乐观与成就之间分别存在怎样的关系？积极心理学可以发现助力个人成长的关键问题吗？诸如此类的问题开始占领科学期刊和专业杂志的各个版面，然而，多数期刊之间互相参照，不断重复着同样的疑问、回答、论点、学科奠基人的传奇故事、参考书目甚至修辞方式，理论和概念上超乎寻常的一致使读者不由得产生怀疑情绪。

2004年，也许是想弥补严密性不足的缺点，彼得森[1]与塞利格曼合作出版了《性格力量与美德》。根据两位作者的构想，

---

[1] 克里斯托弗·彼得森（Christopher Peterson）是美国的积极心理学家。

这本"心理健康手册"是一部与《精神障碍诊断与统计手册》[1]（简称DSM）与《国际疾病分类》[2]（简称ICD）相得益彰的作品。这本手册并没有诊断和评估人类的各种弊病，而是如标题所示，提供了一种划分人类力量与美德的普适方式，旨在"帮助人们发挥最大的潜能"。此外，作者希望帮助该领域里的研究人员和专家确定、衡量以及维持人类最本真、直接作用于个人充分发展的因素："这本手册致力于研究人类自身所有积极的因素，尤其是能确保个体幸福生活的性格特征。我们参考了《精神障碍诊断与统计手册》和《国际疾病分类》[……]但是又和这两本书有所区别，这一点很关键：我们关注的是心理健康，而不是心理疾病。"[26]同时，它为积极心理学的实践者提供了"通用词汇"，这是学科之前所欠缺的：

正如《精神障碍诊断与统计手册》和《国际疾病分类》两本书在其所处时代通过提出专业术语，从而造就了精神病学、临床心理学和社会援助一样，本书提供了在积极心理学的实践者中达成共识的术语词汇，积极心理学将大大受益于这些术语词汇，而且可能会因此蜕变。《精神障碍诊断与统计手册》和《国际疾病分类》关注的是消极人格特质和人类疾病，我们在此是为研究积

---

[1] 《精神障碍诊断与统计手册》由美国精神医学学会出版，是一本在美国与其他国家中最常使用来诊断精神病的指导手册。
[2] 《国际疾病分类》是为了对世界各国人口的健康状况和分析死因的差别面对各种疾病作出的国际通用的统一分类。

极人格特质而作出努力。我们认为书中介绍的分类方式是一个重要的突破，它提供了能衡量积极人格特质的通用词汇[27]。

作者承认，《性格力量与美德》并非对积极人类特征的详尽分类而是简单整理，因为"暂时没有相应令人信服的理论"来解释幸福[28]。然而，这本手册在随后数年内持续不断影响着教育、治疗、企业咨询领域的心理学从业者，其影响力甚至已经蔓延到政治领域，积极心理学的根基也由此更加稳固[29]。

▶ ▷ **联盟正式缔结**

在不到十年的时间里，对幸福及相关主题（主观幸福感、性格优势和美德、积极情绪、真诚性、个人成长、乐观主义和心理韧性）的学术研究蓬勃发展，其影响力也与日俱增。很快，幸福学就不再局限于心理学领域，迅速在经济学、教育学、治疗学、健康学、政治学、犯罪学、体育科学、动物康乐、设计学、神经科学、人文科学、企业管理和商贸学等各个领域开疆拓土[30]。对于那些曾坚定认为任何对幸福的科学研究都毫无合理性也毫无积极意义可言的怀疑论者来说，积极心理学的巨大成功似山呼海啸般打消了他们的疑虑。乐观主义、积极思维、积极情绪、个人成长、希望等概念，在他们眼中曾那般令人生疑，所谓的"自助"更是纯粹的招摇撞骗。而现如今，积极心理学完成绝佳反击，昔日富有批判精神的怀疑态度完全成了落后守旧，仿佛成了研究人员解放人类潜能之路的"绊脚石"。出于对积极心理学的坚定信念也好，想要趁机沽名钓誉也罢，越来越多的心理学家和社会科学研究人员都搭上了幸福研究这班高速行进的"列车"，另外，对幸福问题的兴趣已经扩散到了经济、教育、政治等领域，也受到了企业管理人员和专业治疗师们的充分关注——积极心理学家在其中施展了文化影响，取得了社会权力，成为科学权威。

　　大学研究人员不是受益于积极心理学大获成功的唯一群体。数不胜数的与"心理"挂钩的专业人士也从中获利颇丰：自由心理学家、以自助为题材的创作者、各式各样的人生导师、励志演说家、企业管理专家、各种咨询师……他们努力开辟出属于自己的一方天地，使心理治疗市场更为稳固庞大。20世纪八九十年代，这些"文化中介者"[31]开始在与治疗学、健康、教育学等相关的领域中大量出现，他们肩负着改变生活方式的责任。他们对什么是自我、什么是精神、怎样提升自我、精神力量怎样影响身体之类的问题津津乐道。由于积极心理学尚缺乏普适且严谨的知识体系，这些拥有不同行业知识背景的专业人士会从其各自所处的学科领域中汲取养分。比如，他们会参照精神分析学和宗教的理论，也从行为主义、医学、神秘主义、神经科学、来自东方的智慧和个人经验中获取灵感。

　　如此看来，正如芭芭拉·埃伦赖希所言[32]，积极心理学对于这些专业人士来说是真正的意外收获。因它为他们——甚至包括塞利格曼自己在内——提供了一套术语和普适策略，用以科学地阐释存在于积极思维、积极情绪、个人发展、职业心理健康和职场成功之间的关系。诸如"毅力与自控力可以通过训练习得"此类观点，其实早已被许多作者推广普及过，如诺曼·文森特·皮尔在1959年出版《积极思维的力量》，丹尼尔·戈尔曼[1]在90年代提出"情商"概念。但此类观点起初在科学界遭受冷遇并招致许多批评，它们曾静静躺在私人诊所中、书店专卖自助题材的架子上、杂志中关于"生活方式"的专栏里、普及科学的读物中无人问津，后来才终于进入了临床心理治疗领域、所谓正经的科学出版物专栏与各大高校中。一夜之间，这些来自不同领域的专家学者使用起了同一话语体系。对未来满怀信心、外向的、健康的、富有的或是成功的人们从此也引起了心理学家的注意，而以前他们更多关注那些绝望的、孤独的、消极的、患病的、贫穷的或更有甚者，那些"一事无成"的人们。从此，任何人无一例外都可以（而且应该）寻求专家的帮助，来发掘自己最好的一面。

这完全是"双赢"的局面。自建立之日起，积极心理学就与伊莱恩·斯万所谓的"个人成长专家"缔结了互利共赢的协同合作关系，这些"专家"早已将目标锁定在了身体状况良好的个体

---

[1]　丹尼尔·戈尔曼（Daniel Goleman）是美国著名作家兼心理学家。

身上，他们希望借助"心理疗法实践来帮助客户工作更顺心、成为更好的自己、过上更好的生活"[33]。"个人成长专家"因为积极心理学家不断完善学科建设来获得堂堂正正的身份，而积极心理学家也依靠"专家"将他们的"偶然发现"全方位推广到夫妻生活、性别特征、饮食、工作、教育、人际关系、睡眠、节食、成瘾等日常生活的方方面面。虽然积极心理学家总是借助自然科学语言的文辞来区分"专家"与非专家，例如塞利格曼自己就经常强调，他写的东西之所以"可靠"，都是因为"有科学为依据，与流行心理学以及大部分以自我提升为主题的作品不可同日而语"[34]，但是大多数时候，与非专业人士划清界限也只是白日空想而已。

很快，积极心理学家开始进军有利可图的领域，比如教练行业——根据国际教练联合会提供的数据，教练行业每年在全世界单凭一己之力便可以创造2356亿美元的利润[35]，巨大的诱惑着实令人难以视若无睹。到2004年、2005年左右，类似《以积极心理学为指导的领导能力教练》和《融合视角下的积极心理学和教练心理学》这样的积极心理学作品逐渐开始问世并得到推广。2007年，塞利格曼本人发表了一篇题为《教练与积极心理学》的文章，在文中有这样一段话："教练是需要寻找支撑的实践活动，它需要两个支撑：一是有据可依的科学支撑，一是理论支撑。我认为积极心理学这门新兴学科恰恰能够提供这两点。"[36]首部将积极心理学与教练行业相结合的著作《积极心理学视野下的教练：让幸福学服务你的客户》问世一年后的2011年，塞利格曼强调，积极心理学有义务为专业教练提供"合理的从业参考"[37]。他似乎是为了摆脱沉重的枷锁，才特别采用了教练与"自助"题材作品才会使用的语调，正如同年出版的著作《持续的幸福》，开头几行字这样写道：

> 本书将帮助你的人生蓬勃绽放。
>
> 好了，我终于把这句话说出来了。[……]积极心理学让人们更幸福。教授积极心理学、研究积极心理学、作为一名教练或治疗师实践积极心理学、给学生布置积极心理学练习、用积极心理学抚育儿童、指导军队里的士官如何教导创伤后成长、与其他积极心理学探讨，乃至只是阅读积极心理学读物，都可以使人更幸福。积极心理学人是我所知道的最幸福的人[38]。

▶▷　让心理学再一次伟大

在心理学家眼中，积极心理学已日渐缔造出一个共赢市场。对于长期难以找到研究对象的心理学来说，为了巩固地位、吸引充足资金、保持"时尚"，它必须不停革新概念，而幸福研究无疑为其注入了新的氧气。此外，如果说曾经尚且依稀存在一条界线，将"传统"心理学与其他各种版本的"牟利"心理学勉强区分开来，那么随着这个全新"研究领域"的横空出世，那条界限终于不复存在了。积极心理学借助"个人成长专家们"将自身发扬光大，反之，后者利用前者的科学辞藻来标榜自身专业可靠。从此以后，心理学便可以光明正大地与提供"心理"服务的市场联姻，与在其中流通的产品与商品（即通向幸福生活和自我成就的方法）结合，再也无须为此感到羞愧。幸福学家们就像是过滤器，他们"清理掉"人类对幸福种种含糊粗浅的诉求中所有庸俗的、唯利是图的痕迹，让它们呈现出科学合理的新面目。最后，积极心理学为心理学家提供了光明的前景：培训项目与全新的课程亟待问世，企业咨询领域有待开发，学术作品市场尚未饱和。新的出版作品如雨后春笋般涌现，这也为研究人员们，尤其是年轻的研究人员，在"唯成果论"的学术领域生存、取得成就提供了机会。

积极心理学之所以能在心理学科领域内大获成功，很大程度上要归功于它对学科发展做出的积极贡献，而这个贡献就在于它没有与其他任何流派在理论上产生显著的摩擦。确实如此，塞利格曼既没有提出新的心理学研究方法，也没有表明态度要改变基础心理学和应用心理学停滞不前的状况，或是鼓励新的研究人员与专业人士转向一个研究"健全人"与"正常人"、体量巨大、有待发掘的市场。他可能确实不想日后成为心理学历史上无数理论纷争的始作俑者。塞利格曼与几十年前的人本主义心理学家做出了截然不同的选择——后者在自己挑起的与行为主义心理学、认知心理学之间的内部战争中最终败下阵来，而塞利格曼既无意撼动任何牢固的学科桩基，也无意笼络一众心理学家至其麾下。而且，他的宣言足够模棱两可，透露着折中的智慧，不至于让任何人——无论是不是塞利格曼学术上的追随者或同行者——萌生反对他的想法。因此，心理学世界里"聚集知识分子的动物园"——这个略残忍的表达来自乔治·米勒[39]——无须经历残酷的内部竞争也可以继续蓬勃发展。

从某种意义上讲，尽管积极心理学家希望在心理学领域占有一席独立之位，想用自己的工作成果代替他们眼中"传统的""墨守成规的"，甚至是"消极的"心理治疗，但他们根本没有与临床心理医生分道扬镳的意思，更不要说去质疑广受好评的理论原则与方法论原则了。在他们看来，不管是去研究临床病理学，抑或掩饰心理学的缺陷，传统心理学过去一直做得很出色，现在仍然有利用价值。但是，积极心理学家们指出，唯一的问题在于——与教练专家和自助专家提出的恰恰相反，光是塑造"正常的""恰当的"、能迅速调整心神不定的状态、能及时学会如何面对烦心琐事的人格与行为还不够。人们不是只有在生活不顺利时才需要幸福，事事顺心时他们也能体会到这种需求——而且体会更为深刻。因此，传统心理学有义务承担起一个本质上全新的角色：它的作用不能再局限于治愈痛苦，还应该能帮助实现个人潜能最大化。

　　的确，这个策略大获成功。人们有必要坚定地以更加积极的想法看待事物，这种态度不仅在心理学领域广为人知，在整个学术领域也迅速蔓延开来。因此，积极心理学之父凭借比对手多两倍票数的绝对优势当选美国心理学会主席也不足为奇了。塞利格曼开创的转折点既有保守的成分，也有创新的一面。塞利格曼诠释了电影《豹》中那句著名的台词[1]，他认为心理学要想保持常青，就要勇于做出改变，不断推陈出新。毕竟，乐观——这种塞利格曼亲自践行的态度，并不仅仅是一种保守态度；正如亨利·詹姆士[40]所指出的，它还是成功企业家们的一个明显特征。然而需要注意的是，无论塞利格曼还是许多其他成就了积极心理学的心理学家们，他们并不是简单的知识分子：这些人早已在高等学府以及政府机构部门身居要职。自塞利格曼出任美国心理学会主席以来，积极心理学得到前所未有的发展，随着学科影响力日益扩大，先导主力军们缔结成重要同盟，这些结果绝非偶然。

　　过去的20年里，积极心理学曾遭受无数非议。有一些批评从积极心理学的根本假设出发，有理有据，认为它的主张脱离背景，有种族中心主义的倾向[41]；有一些则指责它过度简化了理论，

---

[1]　《豹》，1963 年的意大利剧情片，由卢基诺·维斯康蒂执导，以 19 世纪中叶到 20 世纪初的西西里岛为背景，描述岛上一个贵族家庭最后的日子，借此带出复兴运动怎样改变了西西里岛上的生活。电影中有一句著名的台词，"万物要保持永恒，就必须做出改变"。

总是老调重弹，多有自相矛盾之处[42]；有一些则批评其薄弱的方法论[43]；有一些指出它在可复制性方面存在一定问题[44]；有一些认为它的普及到了泛滥的程度[45]；还有一些甚至质疑积极心理学治疗法的有效性和它的学科地位[46]。很显然，积极心理学并不可能仅以其"科学性"为根基来谋求发展，因为伴随它极高知名度的，还有知识层面的欠缺和科学成果的薄弱。20载辛勤努力、超过64000项成果，积极心理学围绕"什么让人生有价值"这个问题坚持不懈地进行着所谓的科学研究，但它得出的仅仅是一些良莠不齐、含混不清、难以令人信服甚至自相矛盾的结论。因为意图和方法论的不同，这些研究的结论往往有天壤之别：一些研究可能表明不同特质、不同心理维度、不同性格对于幸福有不同的特定倾向，然而另外一些研究却可能导致截然相反的结论[47]。

不过，不可否认的是，所有这些研究共同揭示了一个真相：任何坚持拥护积极心理学的人，任何希望看到幸福学在学校、卫生机构、娱乐产业、公共政策机构或军人队伍中间蓬勃发展的人，都带有意识形态色彩浓厚的企图。许多人不无根据地断言：积极心理学不过是掩藏在各式图表、表格、数字下的理论空想；不过是轻而易举就可以被商业化、靠一群白大褂科学家站台宣传的大众心理学。对于这门学科所取得的蔚为壮观的成功，我们终于有了明确的解释。积极心理学的歌颂者们高瞻远瞩，巧妙地将种种关于"自我"的文化及意识形态假设说成是以经验为依据的客观事实。在这个策略的作用下，积极心理学不断发展，与此同时，庞大的幸福产业逐渐成形，幸福在公共与私人领域逐渐制度化，与政治、教育、工作、经济，当然还有所有形式的治疗结成联盟。本书将对这些领域逐一展开讨论，不过首先我们将从积极心理学与另一个学科的密切关系谈起，那便是在学术和政治领域也产生了很大影响力的幸福经济学。

▶ ▷ 专家比你更懂行

积极心理学飞速发展起来后，并没有满足于仅与自由派"心理学家"和其他非学术专业人士结盟，它还与幸福经济学家展开了强有力的协作。作为经济学的子领域，幸福经济学虽然从20世纪90年代开始就不断地开疆拓土，但直至21世纪初，信奉行动主义的理查·莱亚德[1]出现以后，它才真正拥有了像今天这般强大的影响力。1997—2001年，莱亚德是布莱尔首相政府的顾问，不过他的事迹远不止于此。2000年，他开始担任英国上议院议员；1993—2003年整整十年间，他都在担任伦敦政治经济学院经济绩效中心主任；2003年起，他亲自挂帅，在经济绩效中心启动"幸福绽放项目"并进行监督。被称为"幸福沙皇"的理查·莱

---

[1] 理查·莱亚德（Richard Layard）是英国顶尖的经济学家。

亚德，自积极心理学在教育界崭露头角的时候起，就一直是拥有满腔热情且颇具声望的积极心理学捍卫者。2003年，莱亚德在伦敦政治经济学院举办的一系列会议中强调，想要对幸福有全面理解，这要求经济学家与心理学家携手共进。会议上他说，"非常幸运的是，心理学果断选择了正确方向；我希望经济学能及时跟上步伐"[48]。受功利主义[1]创始人之一的英国哲学家杰里米·边沁[2]影响，莱亚德深信，政治最主要最合理的目标在于使社会中的幸福总量最大化。与功利主义者前辈们一样，莱亚德也坚信幸福本质上是快乐超过痛苦的体现，它可以精确地被衡量。和塞利格曼看待传统心理学的方式相同，莱亚德认为传统经济学存在严重缺陷，需要深刻反思。他认为，传统经济学花费太多精力忙于将金钱与效用直接联系在一起，以至于忽略了实际上幸福是衡量经济价值更佳、更为合理的标准。莱亚德表明，密切关注幸福这个概念将有利于经济学家进行必要的改革；另外他强调，经济学家可以充分利用一些"幸福心理学带来的关键成果"[49]，果不其然，经济学家立即将他的话奉为金科玉律。

　　事实上，自20世纪90年代起，大量的心理学家与密切关注幸福和积极心理学科研方法的经济学家就开始合作了。在此之前，

---

[1]　功利主义是一种伦理学之理论类型，认为最正确的行为是将效益达到最大。"效益"就是快乐，倾向得到最大快乐，而倾向避免痛苦就是正确。

[2]　杰里米·边沁（Jeremy Bentham），英国哲学家、法学家和社会改革家。

几乎没有研究人员真正对这方面感兴趣，他们中的大多数人认为幸福是一个非常具有相对性色彩的概念，因此无法完全把握。结果就是，提出可以精确度量幸福的研究在当时实证主义盛行的科学界中虽然少得可怜，但仍然引起了最尖锐的批评。经济学家理查德·伊斯特林[1]的研究成果就给相对主义的研究角度提供了一个很好的例子。从1974年开始，伊斯特林和"伊斯特林悖论"成为心理学家和经济学家之间无数争论的源头。为证明相对主义的假设，伊斯特林作出如下解释：对某一特定国家在特定时间（t）内的研究，证实了收入增长和幸福感提升之间存在直接联系；然而，针对多个国家或者同一国家不同时期的对比研究却得到了截然相反的结果，国家的繁盛（比如以国内生产总值衡量）和人民幸福感提升并无直接关系。伊斯特林由此得出结论，在所有因素中，真正决定幸福的因素是需要相对考虑的，因为人们总是在一个相对范围内不停调整自己的标准："在评估幸福时，人们倾向于根据自己以往或现在的社会经验建立起参考标准，并以此来比对自己的实际情况。"[50]

经济学家也好，心理学家也罢，难题的根源就在这里。对于前者来说，问题是这样的：如果幸福是相对的，那么经济增长、经济激励的客观手段就不能给人们带来实在的好处；对于后者来

---

[1] 理查德·A.伊斯特林（Richard Ainley Easterlin）是美国著名人口经济学家，南加利福尼亚大学的教授，最早对主观快乐进行理论研究的当代经济学家。

说，麻烦在于：如果幸福是相对的，那么是否还会存在一门研究
情绪和情感的客观科学将被合理质疑。针对这些难题必须要对症
下药，而且要速战速决。毕竟，如果真正的问题就是人们或多或
少没有能力去衡量自己的情绪状态呢？如果他们就是无法理解幸
福这样的复杂概念呢？如果他们就是不能合理评估幸福、无法做
出理智决定呢？答案似乎就藏在提出的问题里。20世纪80年代
末，心理学家丹尼尔·卡内曼和阿莫斯·特沃斯基[1]坚称，人们通
常使用一种直觉心理推理，这种推理很大程度上是基于他们对日
常生活的亲身体验，因此他们所依赖的认知启发方法[2]是与事实有
出入的，他们的判断也是不全面的、有缺陷的——这些结论在日
后对经济学学科产生了巨大的影响，也为卡内曼赢得了2002年的
诺贝尔经济学奖51。心理学家和经济学家首先达成共识，当务之急
是建立更为精确的方法论，它要能够解决人们过度自省带来的难
题、能够客观地测量情感；此外，他们认为一种全新类型的专家
必须及时出现，他们应该指导人们，帮助他们走上幸福的康庄大
道，传授能正确衡量人们生活的标准。

---

[1] 阿莫斯·纳坦·特沃斯基（Amos Tversky）是著名认知心理学者、数学心理学者，
是认知科学的先驱人物。他与丹尼尔·卡内曼长期合作，发展出展望理论，研究人
类的认知偏差，以及如何处理风险。
[2] 认知启发法是指依据有限的知识（或"不完整的信息"）在短时间内找到问题
解决方案的一种技术。它是一种依据关于系统的有限认知和假说从而得到关于此系
统的结论的分析行为。由此得到的解决方案有可能会偏离最佳方案。通过与最佳方
案的对比，可以确保启发法的质量。典型的启发法有试错法和排除法。鉴于启发法
基于经验，有时它也可能是基于错误的经验（如感知偏离和伪关系）。

所以整个90年代，心理学家和经济学家们勠力同心，为完成这些任务各尽其能，他们大量借助了问卷、价值量表和其他一些可以客观度量幸福、主观幸福感、在积极情感与消极情感之间达到享乐平衡的方法论。在这些科研方法中，最出名的有：牛津幸福量表、生活满意度量表、积极情感与消极情感量表、经验取样法、日重现法。他们随后证实了两件事：首先，幸福的享乐主义维度可能以完全客观的方式根植于人类存在中，因为幸福的不同程度可以具体表现为"愉悦总量与痛苦总量"的差值关系，而这个差值可依据过往经验比较得来，并且可被精确测量，因此幸福不可能完全是相对的；其次，幸福似乎更在于频率而非强度[52]。但需要注意的是，完全不考虑强度因素是行不通的，恰恰相反，科学评估强度在幸福中承担的角色，将其与心率、血压、葡萄糖摄入量、血清素水平、面部表情等生理因素客观联系起来，有利于开创一个有待心理学家、神经科学家和心理生理学家来开垦的全新研究领域。

1999年，丹尼尔·卡尼曼与艾德·迪纳的著作《幸福感：享乐心理学基础》问世，总结了过去十年来该领域取得的突破，确认了经济学和心理学之间相互依存的关系[53]，研究了幸福和效用之间存在的根本关系以及相关的公共政策，并呼吁作为政策制定者的公共权力机关，要借助新方法直面痛苦与快乐情绪的关键问题。莱亚德与其他幸福经济学家致力于研究新方法显然已有多时，在接下来几年中，这些可以补充公共政策评价中已有社会指标的方法论大获成功，声名远扬。

▶▷　可以度量的益处

2014年，无数读者蜂拥而至各大书店，争相抢购一本名为《兴盛：心理疗法的力量》的神奇著作。这部由莱亚德领衔数位经济学家的合力之作，有理有据地呼吁政府对积极有效的心理疗法增加公共投资，以消除困扰现代社会的心理疾病瘟疫[54]。丹尼尔·卡内曼对此书大加赞赏，称其为"鼓舞人心的成功故事"，传达出"令人振奋的讯息"。塞利格曼也毫不吝啬溢美之词："就探讨公共政策应如何应对心理疾病而言，这本书是有史以来最优秀的作品。"然而事实上这本书并没有什么新颖之处：因为在它出版之时，幸福与"积极心理健康"早已被列入美国、智利、英国、西班牙、澳大利亚、法国、日本、丹麦、芬兰、以色列、中国、阿联酋和印度等许多国家的政治议程[55]。

自从21世纪以来，幸福经济学与积极心理学开始影响学术领域甚至政治领域，幸福经济学家和积极心理学家在其中扮演了重要角色。2008年的全球金融危机更是助了一臂之力。全球经济一蹶不振，越来越多的国家听从心理学家和经济学家的建议，考虑应该借助他们的指标去更精确地给人们"量个体温"，判断在生活质量持续下降和不平等现象加剧的情况下，人们是否可以被描述成是"幸福"的。幸福学研究者迅速做出回复，指出这里需要的是一个可以衡量幸福的可靠指标。比起衡量经济增长和社会进步的严苛而客观的指标，这样一个比较温和、主观的标准似乎马上可以让我们更全面、恰当地去看待社会。人们之所以声称感到幸福，是因为他们没有任何理由去担忧。毕竟，大多数人幸福不就是政治真正的、最终的目标，不就是绝对优先于公正、平等的事情吗？

奥古斯托·皮诺切特在担任智利总统期间，根据米尔顿·弗里德曼[1]与芝加哥大学的一些经济学家的建议，进行了新自由主义的经济与政治改革，即著名的"休克疗法"[56][2]。也许是为更好地确认"休克疗法"是否仍然奏效，几十年后，智利成为首批开创先河走上这条道路的国家之一。英国首相戴维·卡梅伦和法国总统尼古拉·萨科齐紧随其后，他们要求各自政府部门收集大量关于人民幸福感的统计数据。这些政府意图强制灌输国民幸福总值

---

[1]　米尔顿·弗里德曼（Milton Friedman，1912 年 7 月 31 日—2006 年 11 月 16 日），美国著名经济学家，芝加哥大学经济学教授、第二代芝加哥经济学派领军人物。弗里德曼以研究宏观经济学、微观经济学、经济史、统计学及主张自由放任资本主义而闻名，1976 年取得诺贝尔经济学奖，以表扬他在消费分析、货币供应理论及历史和稳定政策复杂性等范畴的贡献，被誉为 20 世纪最重要且最具影响力的经济学家之一。

[2]　休克疗法，一种总体经济学方案，由国家主动、突然性的放松价格与货币管制，减少国家补助，快速地进行贸易自由化，这个类型的计划，常会伴随将原本由国家控制的公有资产进行大规模的私有化措施。

的概念，让广大民众相信，这是一个比国内生产总值更能贴切恰当反映社会现状的指数，而从国民幸福总值概念衍生而来的"经济幸福指数""幸福的经济维度""可持续幸福指数"，甚至是"人类发展指数"等，可以衡量公共政策效率与国家经济发展水平。2008年起，所有对幸福和积极心理健康有所关注的国家都开始或多或少地逐步推出相关举措。

不过，要等到一些在全球范围内举足轻重的机构组织开始宣传使用幸福指数的好处，将其介绍为可以衡量社会发展和政治进步的可靠标尺时，绝大多数国家才开始真正行动起来。以联合国为例，这个重要的全球性国际组织与盖洛普公司[1]合作，每年联合发行分析各国幸福感情况的《全球幸福报告》，莱亚德参与其中负责部分编辑工作。2012年，联合国宣布将每年的3月20日定为国际幸福日，表明"幸福和福祉"是"全世界人类生活中的普世目标和愿望"，同时，联合国指出"在公共政策目标中对此予以承认"具有重要意义。另外一个例子是经济合作与发展组织。这个同样在全球非常有影响力的机构提倡改革经济政策、统筹了针对30多个最富裕国家的统计研究，不过它有自己一套度量幸福的工具和专属的数据库。此外，它还启动了诸如"美好生活指数"

---

[1]　盖洛普，是一间以调查为基础的全球绩效管理咨询公司，于1935年由乔治·盖洛普所创立。该公司以其于世界各国所做的民意调查而闻名。盖洛普与世界各地的组织合作。

和"美好生活倡议"等项目。为经合组织工作的顾问中，有许多积极心理学、幸福经济学和其他相关领域专家的身影：鲁特·维恩霍芬、埃德·迪纳、布鲁诺·傅莱[1]等。2009年起，经合组织开始强烈建议各国家统计研究所采用一些度量幸福的指数，因为它们能够在外部性[2]问题、公共基金[3]、信托管理、城市规划、失业问题、税收制度等很多方面，"调控、评估国家绩效，指导政治决策，协助制定并实施后续公共政策"57。

许多跨国公司也参与其中。比如可口可乐公司成立了幸福研究所，凡是有其分公司在的国家，包括巴基斯坦在内，都有幸福研究所的分支机构，每年负责发布所在国"幸福晴雨表"主题研究报告。显然，这些研究报告的撰写工作少不了幸福经济学家和积极心理学家的合作。

尽管两个学科在理论上未曾也未必能够达成一致，尽管积极心理学家与幸福经济学家之间存在种种分歧，但是自联盟建立之初，他们便拥有一个共同信念：幸福并非为诸多历史和哲学灰色

---

[1] 布鲁诺·傅莱（Bruno Frey）是一位瑞士的经济学家。

[2] 外部性（externality）是指个体经济单位的行为对社会或者其他个人部门造成了影响（例如环境污染）却没有承担相应的义务或获得回报，亦称外部成本、外部效应或溢出效应。

[3] 公共基金是从私人财产中提取一部分作为积累，最终返诸社会。基本性质决定了政府在公共基金中的角色是代管人。所谓公共也是大家一起所拥有的基金。公共基金体现了国家信用。这种信用，是超越任何商业机构所建立的信用。当人们承诺上缴社保金、养老金和公积金时，是有基本共识的，就是这笔钱交给了社会共同信任的政府机构管理。公共基金不是福利。公共基金的定义、使用和管理层面上，谁也没有不受限制的权力，不存在任何灰色地带。

阴影笼罩下的定义不明的主观性结构,恰恰相反,幸福是一个客观且普适的概念,可以不偏不倚准确地度量。他们都认为至关重要的是如何度量幸福。于是,他们将幸福诠释为一个完全经验性的概念,他们认为海量数据可以精确地描述幸福,而且这是比任何思辨研究都恰如其分的方式。莱亚德在2003年召开的学术会议中说道:"幸福就好像声音,世界上存在太多不同的声音,从长号声到猫叫声……但它们都可以用分贝来衡量。"[58]两年后,他在自己的经典力作《幸福的社会》中说道,幸福不仅仅是可以被衡量的,而且是一件本质上很好的事物。他与积极心理学家们同样认为,幸福应被视为人类与生俱来就不懈追求的目标:

"幸福是我们自然而然去追寻的终极目标,通过判断其他目标如何促成了这个终极目标,我们才能评估其他目标的价值。之所以说幸福是终极目标,是因为幸福不像其他的目标,它的好处是显而易见的。如果有人问为什么幸福很重要,我们说不出更多的理由,因为它就是很重要。如同美国独立宣言所说,它是'不证自明'[59]的目标。"

然而我们必须注意,这个论断与其说是论证,更像是一个假设。如此明目张胆地用同义反复的方式玩弄文字,为的是掩盖一个莱亚德自己也承认的事实:没有任何靠得住的理由能支撑这个论断。

莱亚德看起来十分自信——比如他相信幸福可以被不偏不倚

地精准测量出来，尽管幸福的科学话语没有任何理论支持，但它们还是深深地影响了新自由主义政治的"灵魂"：一个主张技术治国论、崇尚个人主义和功利主义的"灵魂"。因此，幸福经济学家认为，杰里米·边沁的梦想可能要成为现实了。功利主义不再是社会工程[1]造就的乌托邦，而是一种科学实在。美好的生活与技术治国论的要求从此产生了共鸣：对精神状态、情感、意图、行为趋势甚至是人类精神最隐秘处进行评估，使大规模计算效率和生产力更加精确，评估大众消费和国家经济发展更加准确。这些经济学家肯定地说，"研究人员们（已经）做到了边沁不曾实现的事情，他们发明了一种方法：基于人们在日常生活情境里和重大事件中的反应，比较其快乐和痛苦的总量，从而达到度量幸福的目标"[60]。

▶▷　情感温度计

随着研究方法和脑成像技术、情绪监测技术、手机应用程序以及社交网络不断发展，它们可以实时收集到最丰富的信息——关于人们的作风习惯、日常活动、人际关系、用语习惯、经常出

---

[1]　社会工程（social Engineering）在政治学范畴大体上是一个贬义词。用来描述这样一种政府专制行为。暗含的意义是政府或者强势集团利用宣教来操控文化和法律制度，试图改变或者"重整"民众。对社会工程的研究是从"二战"开始的。

入的场所，等等，幸福经济学家声称他们解决了在此之前困扰他们的方法论问题，这些问题主要是由问卷调查意图太明显、回答中的内省成分太多、文化相对主义[1]引起的，它们一度让事情非常棘手。幸福经济学家断言，已经有足够的科学依据能够证明幸福可以作为一个反映经济与社会发展程度的标准。其实，要做的就是在政治生活中引入积极心理学与幸福学的研究成果。如今，他们实现了这个目标。

将幸福学引入技术治国论的治理术，也许没有比"大数据"领域这个例子体现得更为淋漓尽致了。《哈佛商业评论》[2]称数据科学家是"21世纪最激动人心的职业"[61]，而数据分析面临的巨大挑战则完全可以被称为是"21世纪最热门的话题"。的确，如今幸福关乎的是基于大众的数据统计以及对个人数据的统筹管理。2015年，第五届世界积极心理学大会在奥兰多的华特迪士尼世界度假区举行。借此机会，与会人员详尽讨论了幸福和大数据、幸福和政治之间的关系。2017年，在迪拜举行的世界政府首脑峰会上，这些问题又重被提及。研究幸福和数据分析的专家研究了脸书用户的资料，推特和即时电报的帖子以及谷歌搜索引擎的使用

[1] 文化相对主义（cultural relativism）是由美国犹太裔人类学家弗朗茨·博厄斯所提出的一种观点和态度。其内容主张某一文化的行为不应借由其他的文化观点来判断；只有从该文化本身的标准及价值出发，才能够了解该文化。
[2] 《哈佛商业评论》（Harvard Business Review，HBR）是1922年社会科学文献出版社出版的杂志，是哈佛商学院的标志性杂志。

情况。同时，他们还通过比较带有积极色彩与带有消极色彩的词汇的出现频率，考察了社交网络中出现的词汇。于是，他们齐心协力，收集到了海量数据。这些数据帮助他们描绘了一幅真正的幸福全景图，基于此，他们能够进一步比较不同文化中的幸福，进行针对行为模式、数字化身份的研究，反思如何利用幸福去理解舆论，进而引导舆论。除此之外，度量幸福的新方式也同时出现，这些方式可以分析情感，甚至能够量化一个人。通过对来自网络、手机和社交平台中的数据进行研究，数据科学家可以计算积极情绪和消极情绪，目的则是预测市场接下来的走向；或是为了预测选举结果；甚至是个性化定制某些产品的营销策略——这么做当然是为了促进消费。

毫无疑问，在有能够吹嘘的成就之前，数据分析的研究人员仍然有很长一段路要走。我们目前了解的事实太少，且毫无标新立异之处：比起周一人们更喜欢周末，坏天气会对心理产生影响，消沉的人偏向更加暗沉的色彩和色调，人们在圣诞节这一天最开心……不过，数据分析之所以是一个巨大的挑战，并不在于大数据是怎么描绘幸福的，而是因为使用这些数据的种种方式可能存在问题。如今真正重要的问题在于，要知道怎么利用数据来影响幸福感进而改变人们对幸福的认识，知道幸福怎么影响人们看待自己、看待世界的方式——我们甚至都没意识到这些正在悄然发生。通过打探我们的日程活动，了解我们的偏爱，弄清楚我们在何时、在重大事件中的什么节点、以何种频率做了些什么事情——这么多细节都是我们生活中从未真正考虑过的，专家们、许多机构以及大公司掌握了难以想象的大量信息。因此，一方面通过引导我们了解"应该了解"的信息、看"应该看的"广告，告诉我们什么心情该听什么样的歌曲、听从什么样的健康指导建议或是遵循什么样的生活方式指南，他们首先对人类生活最为日常之处施加了影响；另一方面，通过界定什么有利于个人幸福、什么无益于个人幸福，他们还影响了普遍意义上的行为模式。

2014年，脸书公司泄露了他们对689000名用户进行的一项实验[1]数据，用户之前对此并不知情：脸书公司若无其事地利用了他们。通过唤起用户对自己、对虚拟世界中的朋友的积极或消极的情感，脸书获得了大量数据[62]。脸书公司提出，这次基于操纵个人隐私的实验"没有违反脸书公司数据使用的协议，每个人在注册脸书账号、成为平台用户之前必须要同意此协议，用户在点击'同意'选项之后，就被认为是知情且自觉地赞成此类研究。"[63]这个惊天大丑闻没过多久就被曝光了。问题不仅仅在于脸书没有光明正大地征求用户同意，也不在于脸书为用算法分析数据的目

---

[1] 2014 年，27 万脸书用户下载并运行了一个性格测试应用程序，然后他们，以及他们的 Facebook 好友共约 5000 万美国人的信息，都被程序的开发者 Aleksandr Kogan——一名英国学界研究人员——收集走，并卖给了一家服务于政治竞选的数据公司 Cambridge Analytica。后者据信曾经在 2016 年美国大选中为特朗普团队提供服务。

的披上了一层面纱，真正的问题在于——而且一直在于，我们要弄清楚像脸书这样的公司在随心所欲利用了个人和社会信息之后，已经在何种程度上、将来能在何种程度上影响其用户的情感和思想。英国下议院中一个专门负责传媒产业的议会委员会的成员对这些公司拥有的权力与操纵其用户的能力公开表示担忧，更令人不安的是，政治也开始牵涉其中[64]。这次事件可以让我们意识到两件重要的事情：首先，幸福已经成为企业与政治生活中不可或缺的挑战，他们不仅想要理解人们的感受、人们如何评价自己或他人生活的某些方面，他们还想对这些情感、反应和评价方式施加影响；其次，幸福成了可以衡量某一国家人口是否安居乐业的最佳量化标准，启发并影响了之后的公共政策、经济政策甚至是一般意义的决策过程——无论是在公共层面还是私人层面上。

　　要想理解幸福是如何在如今的新自由主义社会中占据如此重要地位的，对社会现象进行测量和量化（更加确切地说，是社会学家温蒂·埃斯柏兰德和米歇尔·史蒂文斯所谓的“通约”[65]）是基础。度量幸福对于“推销”幸福概念极为关键，因为如此，它便具有了客观性和准确性，能够经得起科学严密的推敲。度量幸福也是将幸福转化为商品的关键，其市场价值与合理性在最大限度上取决于功效的量化，我们将在第四章对此展开论述。

　　度量幸福能够使人们以多种方式利用它，比如科学方式和政治方式。首先，我们可以将幸福分割成一个个单元或者许多数字化、加权的变量，从而得到一个评价体系，借助这个体系，我们可以评价、比较一些来源不同、无法兼容、基本互不相干的信息，无论这些信息是生理的、情绪的、行为的、认知的，还是社会的、经济的或政治的。其次，研究人员可以建立起因果关系，开展实证主义的研究，要遵循的基本原则就是明确一点：对于幸福本质可能存在的先入之见并不会歪曲概念本身。最后，如果有一个系统可以明确指出最有益于个人幸福的生存维度、重大事件、行动是什么样的——比如睡个好觉、买辆新车、吃甜筒冰淇淋、和家人共享时光、调换工作、去迪士尼乐园、一周四次冥想或者还可以是写封感谢信……据说这些都能以不同的方式让人们感到更加幸福，那么当我们对这个系统中的变量进行分类和排序时，"可通约性"具有决定性的作用，甚至可能是最重要的因素，因为"可通约性"使幸福成了一种可传播的社会现象；成了一个有根据的、完全客观的标准，正是因为它带有技术治国论与新功利主义政策的中立性和客观性，幸福学能够大范围地操纵各种各样的政治经济决策和干预。

的确，在针对本地或全世界、用于权衡不同公共政策优劣得失的分析中，度量幸福为幸福经济学家与政治机关引入了一个新标准：生活满意度，而传统经济学的方法开始受到质疑。在此之前，评价公共政策是以货币单位为标准进行的；从今以后，"幸福单位"将取而代之。莱亚德建议，既然要去评价民主国家的政治决策，那么就要"将所有可能的或是可设想的公共政策进行分类，分类的标准应按照它是否能为人民带来幸福，而这种幸福是否又能立即转化为消费行为。"[66]幸福被视作一个衡量收益的单位，无论在哪个国家，它都可以以各种各样的方式与消费者行为直接联系起来。作为一个衡量收益的单位，幸福首先被赋予了货币价值。比如，有专家表明在英国人眼中获得幸福的金钱门槛升高到了700万英镑[67]。其次，用这个视角看问题，我们对"家庭成员的精神状态"如何影响经济有了更清晰的认识；盖洛普公司也证实了士气低落的美国职员每年可造成国家5000亿美元的经济损失。[68]

一旦转化成了看似客观、可以忽略文化之间差异、有助于大范围计算成本效益的数字之后，幸福成了新自由主义社会最主要的指标之一，它反映了社会的方方面面：经济、政治和精神状态等。幸福经济学家正式宣布：他们有足够可靠的证据表明，今后可以完全公正地根据不同的幸福程度去比较不同国家的情况。同时，国家和机关可以放心地采用这个标准，将它作为一个完全中立的"情感温度计"去衡量经济效益、评估社会发展、指导公共政策的制定。[69]

▶▷ 幸福技术治国

　　然而选择幸福度量方法的过程并非一帆风顺。起初就有一些声音对这些度量方法的合理性进行质疑[70]。经济合作与发展组织甚至颁布了一系列相关准则，警示这些幸福度量方法"缺乏进行国际范围比较所必需的严密性和一致性"[71]。还有一些人则对这些措施显现出的过度个人主义倾向表示担忧。仅举一例说明，在10分满分制代表最幸福的前提下，某一个人答完问卷，得到了7分，那么他的情况可以完全等同于另一个也得到7分的人吗？如果可以等同，如何证明？一个7分的爱尔兰人就一定比一个6分的柬埔寨人幸福吗？一个7分的爱尔兰人一定没有一个8分的中国人幸福吗？5分的幸福程度比3分多出多少？得到满分到底又意味着什么？还有一件事令人担忧：此种方法严重缩小了含有丰富信息量的答案范围。这是一个值得关注的问题：封闭式的问题设计不仅使一些研究人员越来越执着于证实自己的先入之见[72]，它还导致一些完全适用于政治决策过程的信息被忽略。最近有一项研究显示，与通过访谈收集到的生活叙事相比，自我定量评估的调查问卷忽略了在审视人生过程时很重要的社会参数，包括特定的环境、负面的自我评价、复杂的情绪……该研究得出结论：如果幸福研究"拒绝承认被调查者其实过得并不好"，它最终很可能变成"一场重大灾难"[73]。的确，这种量化的衡量方式有其局限性，暗含着一个后果严重的风险：问卷调查大大低估了许多至关重要的影响因素。

但是，方法论问题不是唯一的关键点，使用这些方法的意图也应该引起足够重视。人们有理由怀疑，以幸福为主要标准的公共政策是否仅仅是为了掩饰政治体系与经济体系结构缺陷的烟雾弹？保守党派人士戴维·卡梅伦担任首相期间，英国就已经提出了这样的问题。就在英国历史上规模最大的预算削减政策出台之后不久，卡梅伦宣布将采用幸福作为衡量国家发展的指标。然而这只是政府的伎俩，企图借助新理念来转移甚至回避种种棘手的社会问题和经济问题，卡梅伦表示：英国人民"不应该只考虑如何让钱包鼓起来，还要想想怎么让喜悦注满心田"。这种说辞在其他时候可能会侥幸免受指责，但是，卡梅伦发表此番言论时，全球经济危机仍余波未平，人们很难不发现，政府只是想混淆公众视听，其背后蕴含着明显的意识形态。任何稍微有点头脑的人都能看得出，无论是强调个人幸福还是强调全体公民幸福，都只不过是一种策略，其目的在于将大家的注意力从更为客观、更能反映问题的社会经济指标上移开：国民收入再分配、物质生活不平等、社会隔离[1]现象、性别不平等、机构运作制度、腐败与缺

---

[1] 社会隔离（social segregation）强调的是社会阶级的固化和不可通约性。

乏透明度、机会不公平现象（偶然的客观机会与坐享其成、不劳而获的差距过大）、社会保障以及高失业率……比如，以色列人为他们在全球宜居国家的排名榜上高居前列十分骄傲，仿佛这个排名可以掩盖以色列是全球社会不平等现象最严重的国家之一的事实。

此外，阿联酋和印度这样贫困是常态。轻视人权、营养不良现象严重、婴儿死亡率和自杀率居高不下的国家竟然也决定要采用度量幸福的方式去"更准确地评价公共政策的成效"，因此我们完全有理由去质疑甚至是感到不安。迪拜酋长国酋长兼阿联酋总理谢赫·穆罕默德·本·拉希德·马克图姆一直希望将迪拜打造成"全球最幸福城市"，2014年，他下令在迪拜全城安装一些大型触摸屏，以便居民对生活质量问卷作出即时回答，方便公共权力机关了解居民生活满意度及幸福程度。2016年，这项政策有了后续进展：阿联酋进行了建国44年以来最深刻的政府重组，负责"为社会带来满足感和幸福"的"幸福事务部"由此诞生。新任幸福部长乌胡德·埃尔鲁米在美国有线电视新闻网（CNN）上说道，阿联酋的目标是"创造一个可以供人们茁壮成长，直至发挥出最大潜力，并可以选择幸福生活的环境"。她解释说，"对于我们阿联酋人来说，幸福是非常重要的。就我个人而言，我感到十分幸福，我是一个积极的人，每一天我都选择做一个幸福的人，因为幸福是驱使我不断向前的动力；幸福赋予我生活目标和意义，幸福一直鼓励着我无论在什么情况下都要看到事情好的一面"。印度政要也发表过类似言论，比如瑜伽爱好者、印度总理纳伦德拉·莫迪麾下人民党成员施瓦尔杰·辛格·楚汗曾坚称，"仅仅依靠对物质财富的占有或是经济发展是很难获得幸福的；只有在生活中注入积极的力量，人们才能感受到幸福"。

度量幸福带来的一个重要影响也许就在于，它能使微妙的政治与经济问题以看似非意识形态的、纯粹技术治国论的方式得到解决。无论是防疫注射计划、学校创新改革还是新的税收制度，以幸福为准绳的对其进行评估都被视为最客观的方式。举个例子，阿德勒[1]与塞利格曼认为在制定税收制度时应该以幸福作为标准，以便实现"能够获得尽可能多的财政收入但不会影响公民幸福感的最佳税收结构。确定税收水平时要考虑到人民的福祉问题，这样才能设计出一个有效的、可以最大化国民幸福度的税收结构。"[74]因此，税收在这里不再是政治和社会应该思考的问题，也不再是社会公平的问题，它成为纯粹的策略问题，能带来多少幸福总量是采用何种策略首要考虑的因素。同时，两位作者还鼓吹这种逻辑同样适用于解决政治问题和道德问题：

我们如何面对社会中有争议的道德伦理问题，比如卖淫、堕胎、吸毒、体罚、赌博等现象呢？想要找到一致论据来捍卫或谴

---

[1]　亚力翰卓·阿德勒（Alejandro Adler）是宾夕法尼亚大学的教授。

责这些行为轻而易举，然而，个人或是小团体的价值观却很少能相互统一。以幸福作为指导公共政策制定的指数，其优势就在于幸福策略下的整套自我评价工具具有主观性。这些主观指标能够显示个人偏好、反映人们的价值观和生活目标，因此，当任何公共政策的决策者面对严重的道德伦理问题拿捏不定时，它能充当一个既体现民主又公平公正（从功利主义的观点来看是这样）的工具[75]。

幸福治国策略从此大行其道，最近被应用在了解决社会不平等问题上。在此之前，大家都认为幸福和收入不平等之间呈负相关关系，在弱势群体中更是如此。一些幸福经济学家则提出完全相反的看法，根据他们分析大量数据库后得到的结果显示，收入不平等、资本集中与人民幸福、经济发展呈正相关关系，这种现象在发展中国家更为明显——这与别的一些经济学家观察到的结果恰恰相反：后者认为如果要确保每个人最基本的尊严、社会认可度与生活质量，就必须对一小部分财富进行再分配[76]。而幸福经济学家则认为，社会不平等现象丝毫不会造成人民怨恨的情绪，恰恰相反，由于看到富人幸福、成功的样子，对于穷人来说反而更像是一种激励，社会不平等现象还有可能是"幸福的来源"。就这样，他们赋予了希望和幸福很高的地位：希望和幸福是可以鞭策人们成功、激励人心的要素。

其实，幸福经济学家得出这样的结论丝毫不奇怪。作为幸福意识形态的根基，唯才主义[1]和个人主义的价值观彻底掩盖了根本的阶级差距，持此意识形态的人并没有试图解决经济不平等现象，他们的所作所为是在一个不公平的体系中强调公平竞争。因此，在研究之后幸福经济学家提出，不平等现象越严重，个体在日后面临的机会就越多，越是可能收获幸福。例如，凯丽与埃文斯认为："收入不平等可能会带来更高程度的幸福。" 这一"关键事实"是在发展中国家观察到的；而在发达国家，不平等对个人幸福"既无损耗也无助益"，二者之间"毫无关系"[77]。此类论断的政治意图昭然若揭：只是为了证明完全没有必要费力去消除不平等现象。

不管是在过去还是在当下，人们为解决收入不平等问题付出了无数努力。许多人甚至表示愿意为了减少不平等而牺牲经济增长。然而我们最终得出的结果表明，这些努力在很大程度上是错误的：之所以这么说，是因为正如我们所观察到的那样，在这个世界，收入不平等通常并非意志消沉以及个人主观幸福感下降的同义词。在发展中国家，不平等现象反而增加了幸福感。这不禁让我们想起世界银行集团这样努力去消除收入不平等现象的国际组织，他们的所作所为其实有可能降低贫困国家人民的幸福感[78]。

---

[1] 唯才主义，也译作精英政治、精英治国、任人唯才、唯才是用或选贤举能（Meritocracy）指一种政治哲学思想，主张权力的分配应根据个人之才能和功绩。在这种体系内，个人的上位与进阶是基于在该领域内的功绩并经考试检定的智慧天赋。

从技术治国论的观点来说，用幸福来解决问题是非常合适的，因为它似乎可以给这个不近人情、技术治国论主导的世界蒙上一层人文关怀的美丽外表。幸福学家自认为了解人民幸福状况可以如实反映民情与民意，所以没必要再去了解人民对现行政策的看法。至于如何了解，很简单：借助一份有5个切入点的问卷，让人们对自己的生活满意度进行评价。但与可以精确度量的幸福不同，民意通常是含混不清、难以把握的。在关于全球幸福感的报告中，莱亚德和奥唐纳[1]开篇就强调了两点：首先，人民幸福感应该成为所有民主国家良好公共政策的参考标准；其次，让人们评价某些公共政策"只会得到一些没有意义的答案"。大数据分析让研究人员对人民幸福感产生直观认识，因此幸福大数据研究是一种更为可靠、"更强大的、有据可依的公共政策制定新方法"[79]。在认为民意可能会毫无意义的前提下，避免真正去询问他们的真实想法，将民众压缩为一个个客观数据，这种手段似乎并不能诠释民主的内涵，反倒体现了高高在上的专制。正如威廉·戴维斯[80]揭示的那样，新功利主义与技术治国主义的方法确实存在民主问题。民众逐渐接受幸福这个可以被量化的概念，并将其视为新的信仰和评判标准，这对于技术治国论来说十分有利：政客不需要直面名副其实的民主决策所带来的无法预料的后果或

---

[1]   格斯·奥唐纳（Gus O'Donnell）是一位英国经济学家。

是政治上的挑战，仍能保证些许民主的氛围。

毋庸置疑，幸福如今已成为高度政治化的概念，幸福经济学家与积极心理学家对此毫不避讳。他们都认为幸福不仅会对政治产生影响，也同样会影响到经济与社会。艾希莉·弗劳利[1]指出，在积极心理学家发表的学术报告中，大约有40%在结尾时都会呼吁公共权力机关强有力地介入[81]。然而，幸福经济学家和积极心理学家都拒绝承认，他们对幸福的研究和大量相应实践行为含有政治与文化动机，进一步说，对幸福进行科学研究以及将幸福应用于政治、经济和社会领域，这背后是清晰的政治纲领和明确的文化取向。相关的研究人员试图借助科学价值二分法，来回避一切和文化、历史或是意识形态有关的质疑：既然他们的方法是科学的，那么他们所描绘的幸福之人形象就是完全中性的、客观的，不带有任何的道德、伦理或是意识形态的问题。很遗憾，这样的论断被一个很明显的事实反驳了：幸福学家提出的幸福，与个人主义的基本前提假设和新自由主义意识形态的主要伦理要求一直保持着极其密切的关系。

---

[1]　艾希莉·弗劳利（Ashley Frawley）是英国斯望西大学的教授。

｜第二章｜
重燃个人主义

"自我与作为权威、责任和道德典范来源的家庭、宗教和天职发生分离后，便试图通过自发追求幸福和满足自身愿望来形成自己的行为方式。然而，自我的愿望是什么？自我又采用什么标准或依靠什么能力来鉴别幸福？在这些问题面前[……]个人主义似乎比以往任何时候都愈加坚定不移地奋力向前，把除了激进的个人本位价值之外的一切其他标准统统抛在身后。"

——罗伯特·贝拉[1]等

《心灵的习性：美国人生活中的个人主义和公共责任》

---

[1] 罗伯特·贝拉（Robert Bellah）是美国的社会学家。

▶▷　幸福与新自由主义

新自由主义不应被草率视为简单的政治经济理论，而是更加广泛也更为重要的现象。正如我们在其他著作中提到过的[82]，新自由主义应被理解为资本主义的一个新阶段，它具有以下特征：从经济领域势不可当地扩展到其他各社会领域[83]；因政治决策与社会决策的需要，导致对科学技术标准的需求不断增加[84]；强化功利主义原则，即强调选择、效率和利益最大化[85]；劳务市场的不确定性呈指数上升；经济状况越发动荡，市场竞争愈加激烈；暗含风险的决策显著增多，组织灵活性增强、权力下放进程加快[86]；象征性事物与非物质事物日益商品化，比如个人身份、情感和生活方式等[87]；倡导治疗风气，将情绪健康[88]和个人自我实现的需要作为社会发展过程及政府干预措施[89]的考量核心。从根本上说，新自由主义应该被理解成一种个人主义的社会哲学，其主要关注点是自我，其主要人类学假设可以用妮可·阿什奥夫的一句话来总结："我们都是独立、自主的行动者，彼此相遇在市场中，在这里独自书写着自己的命运，在此过程中我们造就了这个社会。"[90]在这个意义上，看待新自由主义不仅应该从其结构特征出发，借用赫伯特·马尔库塞[1]的表述，还要从它作为"基础设施假设"的角度出发，换言之，我们应该关注的是新自由主义的伦理道德准则。根据这一伦理道德准则，所有个体都是（也应该是）自由的、有谋略的、负责任的、自主的，他们能够掌控自己的心理状态，能够根据利害原则行事，能够实现自己定下的人生目标，即获得自己所向往的幸福。

因此，紧随吉尔·利波维斯基[2]等所谓的"第二次个人主义革命"[91]进程之后，对幸福浓厚的兴趣在世纪之交突如其来便也不足为奇了[92]。"第二次个人主义革命"作为个体化和心理化的普遍文化进程，深刻地改变了发达资本主义社会中责任落实的政治与社会机制，它使人们能够从心理学和个人责任的角度，来重新审视社会本身固有的结构缺陷、矛盾与悖论。比如，职业慢慢变成只关乎个人计划、个人创造力和个人创业；教育只关乎个人能力与才华；健康只关乎于生活习惯与生活模式；爱情只关乎于人际间的亲和力和包容力；身份只关乎于个人选择和个性；社会发展只关乎于个人成功……诸如此类的例子不胜枚举[93]。结果就是：社会维度全面崩塌，心理维度逐渐稳固[94]；大写的政治逐渐被治疗性政策取代[95]；幸福学话语逐渐取代个人主义话语，出现在对新自由

---

[1]　赫伯特·马尔库塞（Herbert Marcuse）生于柏林，是德裔美籍哲学家和社会理论家，法兰克福学派的一员，一生在美国从事社会研究与教学工作。
[2]　吉尔·利波维斯基（Gilles Lipovetsky）是法国哲学家、作家和社会学家。

主义公民身份的定义中[96]（我们将在第四章展开说明）。

从这个意义上说，幸福不应被视为无足轻重的抽象词汇，它不是福祉或满足感的同义词，它不是空洞的，排除一切文化、道德、人类学偏见和假设的概念。那么，为什么是幸福最终占据了主导地位，而不是公正、审慎、团结甚至忠诚呢？它为什么能在今天用各种不同的方式去诠释人类行为呢？如何理解这一切？我们认为，幸福之所以在如今的新自由主义社会中至关重要，原因尤其在于它和个人主义的价值观之间错综复杂的联系，根据个人主义价值观的内涵，作为个人的"我"被看成是一种至高无上的诉求，集体和社会则被看成是不同独立意志的集合体。更确切地说，我们认为幸福如此重要的原因在于它展现了自己强大的功效：通过自称科学的、中立的、不带有意识形态内涵的权威话语，幸福概念使个人主义重新焕发了生机，个人主义因此具有了存在的合理性并得以重新制度化。

正如米歇尔·福柯以及许多其他思想家所示，比起直接诉诸道德或政治，以人类自然属性为论据的中性话语似乎更具说服力，且更很容易制度化[97]。许多幸福学家打着实证科学的"保护伞"，将幸福概念打造成为手中利器，借以强调个人责任；并以心理学和经济学为幌子，传递出强烈的个人主义价值观[98]。事实上，许多学者都对作为人类幸福科学研究理论、道德和方法论基础的强烈个人主义偏见进行了深入分析和批判[99]。另外必须要明白的是，幸福在成为一个必不可少的理念的过程中，并没有牺牲隐藏在它背后的个人主义，它恰恰是借助了这一点：通过政治中立的个人主义话语，幸福具有了合理性，它将个人生活与团体生活分割开来，将"我"看作是一切人类行为的起源[100]。

　　积极心理学家、幸福经济学家和其他相关专家在此过程中发挥了决定性的作用。毋庸置疑，积极心理学是将幸福与个人主义联系得最为紧密的学科，直至两者相互依赖甚至可以相互转化。然而个人主义成见与个人主义前提假设并不是积极心理学的特有属性；事实上，整个心理学学科都以此为基本特征[101]。积极心理学的特别之处在于，它利用一种循环往复的、毫不含糊的方式去构思幸福与个人主义，并试图将两者在道德层面或概念层面上联系起来。

▶ ▷　积极心理学与个人主义

　　关于积极心理学和个人主义的关系，我们举个例子来说明：在道德方面，积极心理学家只把个人作为评判道德的标准尺度：他们认为幸福之所以是件好事，是因为幸福等同于自我实现。塞利格曼认为，任何能够塑造我们自身价值的行为，以及人们从此行为中得到的乐趣都可以称为幸福，包括"一个施虐者幻想犯下连环杀人案件并从中得到了快感，[……]一个杀手因围捕、暗杀他的猎物而兴奋[⋯⋯]或者一个基地组织的恐怖分子劫持了一架客机并使它撞向纽约世贸中心大楼"[102]。尽管塞利格曼明确说过他"毫无疑问谴责这种行为"，但是他也表明谴责他们"仅仅出于与（积极心理学的）理论完全不相干的原因"[103]。在他眼中，积极心理学理论与任何其他科学一样是描述性的，因此在道德层面上是中立的。当然，这种观点内含深刻的矛盾："幸福是好的"作为积极心理学的主要前提假设，其本身就包含道德判断，所以它是以道德主观主义为依据的，而道德主观主义和任何其他辩解理由一样，都具有道德性[104]。但塞利格曼固执己见：

> 积极心理学的使命不是告诉你应该成为乐天派，不是强迫你要有精神生活，或是非要做一个讨人喜欢、性情温和的人；它的使命更多在于描述这些人格特征带来的影响[⋯⋯]至于你要怎么做，只取决于你自己的价值观和你自己定下的目标。[105]

正如前文所述，积极心理学家将幸福与个人主义在概念层面上紧密联系在一起：把个人主义作为幸福的文化和伦理前提，把幸福作为个人主义的科学依据，于是个人主义成为一种合乎伦理道德的价值观。这导致他们频繁采用循环论证的方式，他们猜想——有时甚至是假设：既然幸福是人们出于本能会去追寻的一种自然而然的目标，那么过上幸福生活最合乎情理的方式就是独立自主地去追寻目标。[106]大量由积极心理学家发表的学术作品中声称，个人主义是能用最严密逻辑、最贴切方式描述幸福的变量（反之也完全成立），它是可以完全独立于社会、经济、政治等其他任何因素的。[107]这个结论由埃德·迪纳和他的同事提出。他们认为，个人主义文化背景会比非个人主义文化背景或者集体主义文化背景催生更高程度的生活满足感，因为个人主义文化背景下的公民"在选择生活方式时拥有更多自由"；因而他们"成功的可能性更大""更有可能追寻自己目标"[108]。鲁特·维恩霍芬补充说，个人主义社会和现代社会给公民提供了"一个能激发热情的环境，这点刚好迎合了人类一种不变的需要，即人类必须面对不断变化的现实"，[109]因此这种环境中的公民会更加幸福。另外，大石茂弘建立了个人主义（他将个人主义定义为个体对自身独立性与个人价值的认可）、福祉和生活满足感三者的直接联系，他根据自己的理论解释了澳大利亚人、丹麦人比朝鲜人、巴林人更幸福的原因[110]。丽莎·斯蒂尔和斯科特·林奇提出，个人主义也可以解释为什么中国人将会越来越幸福：他们认为，由于倡导个人责任感的道德观，中国人将会越来越幸福，包括最底层阶级的人民。[111]积极心理学家阿隆·阿胡维亚也表明经济增长之所以能够提升幸福感，不是因为经济增长改善了生活条件或是提高了购买力，而是因为经济增长创造了激励人们追寻目标的个人主义文化。[112]而罗纳德·菲舍尔和戴安娜·波尔在全面考虑问题之后得出结论：个人主义"升级"后，民生福祉也会"升级"，两者关系密不可分。[113]

当人们还在争论哪个变量能够最大限度提升幸福感时[114]，大部分积极心理学家提出：一个国家越是推崇个人主义，那么它的公民就会越幸福。这些研究人员能够不断找到支撑这个论点的论据并不奇怪，毕竟他们概念化幸福与度量幸福的方式本身就受到个人主义世界观的影响。自从学科建立之日起，积极心理学虽然没有完全忽略环境可能起到的作用，但也在竭尽全力降低它的重要性。这一点在他们的对比研究以及他们用于量化幸福而创造的测量工具中都体现得淋漓尽致。一个非常能说明问题的例子就是"生活满意度量表"[115]（SWLS）：这个反映"生活满意程度"的问卷有意过度强调个人因素和主观因素，而减损其他因素（无论是社会、经济、文化、政治因素还是更为客观的因素）的地位。也许没有什么比塞利格曼鼎鼎大名的"幸福公式"更能说明个人主义偏见和狭隘的社会观念了。

▶▷ 幸福公式

在《真实的幸福》一书中，塞利格曼首次提出了"幸福公式"[116]。他认为，幸福是人固有的基因赋性、为提升幸福感而自觉采取行动的意愿，以及环境或多或少地影响共同造就的结果。塞利格曼指出，这个简洁的公式凝聚了关于人类幸福本质的突破性发现，而人类幸福的本质恰恰是他创立积极心理学的根源所在。这三个因素中，基因作用占了一半；意志力、认知与情感因素占40%；而生活环境和其他外部因素（收入、教育、社会地位等）只占10%。另外，塞利格曼进一步说明，所有这些"环境因素"可以当作一个整体来考虑，因为"令人意想不到的是，它们之中没有一个对幸福产生显著作用"[117]。

　　尽管这个公式的科学性有待商榷，但它却汇集了积极心理学三个尤为关键的前提假设。第一个假设是人类幸福90%的部分应归功于个人因素和心理因素。第二个假设与第一个假设相悖，即只要个人选择正确、有意愿获得幸福、努力完善自我、拥有手段技巧，幸福是可以得到的。第三个假设是非个人因素对获取幸福来说无足轻重。塞利格曼指出，至关重要的是对这些环境条件的个人主观领悟，而不是这些环境条件本身。这样说来，"金钱本身不重要，重要的是人们赋予钱的重要性"[118]。尽管他承认客观环境会以这样或那样的方式影响幸福，但是他最终下结论说这种影响十分有限，以致我们没必要花费精力去改变这些因素："一些环境因素确实会对幸福起到良性作用，然而尝试改变环境因素往往是不切实际且代价高昂的"[119]。

▶▷ 40% 的幸福提升空间

积极心理学的信徒们立即将"幸福公式"奉为圭臬。索尼亚·柳博米尔斯基[1]也深以为然,她在自己的畅销书《幸福又如何》中表示,这个简单明了的公式有理有据地解释了幸福真正的决定因素:"当我们最终接受并承认生活环境不是幸福的关键所在时,我们将能够更好地从自身出发去体验幸福"[120]。因此,柳博米尔斯基鼓励读者要更多关注他们自身,而不是纠结于他们所处的环境。这就是她所谓的"40%的幸福提升空间"。柳博米尔斯基认为,获得幸福最立竿见影的方法在于努力改变日常生活中自身思考、感受以及行为的方式,这不仅是因为人们改变不了也没必要去改变遗传基因和外部环境;更是因为在个人没有作出改变的情况下,无论他的生活有多么幸运或是不幸,他似乎都会迅速回到自己的幸福原点。[2]书中先提到了积极心理学的科学伦理观及它具有革命意义的研究成果,接着作者花了大量篇幅传授读者如何最大限度利用自己的提升空间,也就是书中著名的"40%的

---

[1] 索尼亚·柳博米尔斯基(Sonja Lyubomirsky)是一位美国的心理学家。
[2] 《幸福多了40%》一书中提到,"每个人生来都有一个幸福的原点,这个原点在很大程度上决定着我们一生的幸福,而它来源于我们的基因 [……] 即使一个人的生活发生了巨大的变故,如喜获真爱或惨遭车祸,短时间内这个人的幸福水平会上升或下降,但是悲喜过后,幸福还会回到与生俱来的原点"。

提升空间"。柳博米尔斯基告诉读者，要学会表达自己的感激之情，培养乐观心态，"掌控"焦虑，活在当下，"享受生活中的小美好"。

对"幸福公式"最严厉的批评之一来源于芭芭拉·埃伦赖希。在《笑不出来，不如死：积极思维是如何愚弄美国人和全世界的》一书中，埃伦赖希强调塞利格曼"令人质疑的公式"缺乏科学严谨性，同时她还指出如此贬低环境对人类幸福的作用可能会引发某些社会后果和道德后果。[121]埃伦赖希在书中提出了几个简单的问题：如果积极心理学所言千真万确，那么为什么还要提倡更出色的职业、更优秀的学校、更安全的街区或更全面的健康保险？我们真要赞同收入对幸福毫无贡献这样的观点吗？假设收入上涨或者更加稳定，收入分配更加公平，这些改变难道不能够改善社会排斥现象吗？难道不能减轻无数勉强维持收支平衡甚至入不敷出的家庭的重担吗？

被积极心理学家列入"环境因素"范畴的收入问题成为争论焦点。积极心理学对收入问题的看法非常坚决：金钱对人类幸福不会起到显著作用（这让我们想知道为什么那么多人的看法正好相反）。以理查德·莱亚德为代表的许多幸福经济学家也持同样立场，不过在细节上略有不同。莱亚德认为，当收入越低时，金钱对幸福的作用就越大；当收入超过一定的门槛时，金钱的作用将显著下降；当收入到达某个峰值时，金钱、幸福与满足感之间将不再有任何关系。[122]不过,这个门槛和峰值尚未明确,根据研究结果,是在每年15000—75000美元之间。[123]贝琪·史蒂文森和贾斯汀·沃尔弗斯对此深表怀疑,他们表示"这个论断缺乏数据支撑"[124],并且他们还以令人信服的方式指出,"无论在哪个国家、哪个时代,收入与主观幸福感的关系不仅十分显著,而且非常稳定",因此我们要"摒弃经济发展不会影响主观幸福感"的观点[125]。和埃伦赖希一样,史蒂文森和沃尔弗斯强调了关键的社会政治问题:

> 如果经济增长对社会的积极影响微乎其微,那么将经济增长作为制定政策时优先考虑的目标就毫无意义了。[……]有些人声称,公共政策不会对人类幸福产生积极作用,而我们的结论已明确推翻了这个观点:经证实,生活条件的改善会对主观幸福感产生积极影响,同时也会提高生活水平。[126]

如果积极心理学所言不假,那么批评社会结构、制度和不尽如人意的生活条件有什么意义呢?为什么还要设法明确优越的生活条件对主观幸福感的作用呢?难道这种世界观不是在传达"任何人最终都会得其所应得"的唯才是用假设吗?在这种世界观里,一切难道不都是建立在个人功绩、努力和坚持不懈的基础之上的吗?积极心理学的这种立场因其短浅的目光及其在社会和道德层面产生的负面影响而不断受到严厉批评。达娜·贝克尔和简·马尔切克很好地总结了积极心理学家上述言论引发的不适：

> 不是所有人都可以轻而易举地过上幸福生活的。社会阶层、性别、肤色、种族、国籍、种姓等差异，所造成的地位不平等或权力不平等都会显著影响个体的主观幸福感。这些结构差异极大地影响着个体获得医疗保健的情况、教育和职业轨迹、司法系统中的公正待遇、日常生活条件、子女的未来甚至是死亡率。没有了这些基本条件，人们还会寄希望于自我实现吗？企图通过灌输自助者天助的观念来弥补社会改革的缺失，这种做法不仅缺乏远见，也在道德层面上令人反感。[127]

尽管如此，积极心理学家还是固执己见：他们要么刻意回避这个主题，这就是为何我们很难在他们的学术成果中找到关于社会因素对人类幸福潜在作用的深入分析；要么通过贬低非个人变量的重要性来提升心理变量的地位。尽管有些积极心理学家承认，外部环境因素对个人幸福的影响大致占10%的论断是"有悖于直觉的发现"[128]；但他们仍然认定，所有这些结构、政治、经济变量与个人幸福之间不存在显著关系。[129]

柳博米尔斯基和其他积极心理学家会说："40%的幸福提升空

间"给想要幸福的人们提供了重要的行动余地。不管生活条件如何、身处哪个时代，人们总是需要在自己身上找寻获得幸福与提升自我的关键。塞利格曼提醒人们，试图改变无法改变的外部条件只会徒劳无功，最终不可避免地导致失望，但是努力改变自我将会带来实实在在的可持续的幸福成果。[130]尽管颇值得怀疑，这个讯息还是在近年来引发了巨大反响。也许是因为它能让一些人在被不确定感和无助感包围时重新找回对生活的控制，暂时摆脱快要吞噬他们的焦虑。

▶ ▷ 躲进内心堡垒

2008年金融危机爆发后不久，向教练和其他个人成长专家寻求帮助的做法开始变得司空见惯。各种媒体、网站和博客纷纷主动提出要帮助用户在这段困难时期内"管理"好情感，同时告诫他们：忽视自己可能会带来严重后果。此处仅举一例：《赫芬顿邮报》在2009年刊登过（在2011年再次刊登）一篇名为《如何在困难时期照顾好自己》的文章，文章作者是一位专业教练，同时也是一家猎头公司的老板：

> 我们当中许多人正经历着深刻的混乱、恐惧、不确定，如果选择对这个事实视而不见，那就是在帮倒忙。每天，关

于经济环境形势和失业问题的讨论不绝于耳，这些话题让人心灰意冷。[……]压力往往会让我们忽视自我，因为我们总会任其摆布，这将给我们的健康带来不利影响，对战胜逆境更是毫无益处。[……]我将提出我认为很重要的几点建议，它们将能帮助你好好照顾自己：保持自尊；笑口常开；留意生活中的细小事物；活在当下；关注你自己和身边的其他人。金融危机带来的失业与严重的财务问题会简单粗暴地打击我们，让我们以为自己一文不值，甚至可能会让我们深陷这种或那种形式的自我诋毁之中。因此，比以往任何时候都更加重要的是，我们要按照一定的原则好好照顾自己，通过进行非常简单的日常练习来帮助自己优雅地度过这段具有挑战性的混乱时期。现在请扪心自问：你要如何照顾好自己？[131]

众所周知，2008年的金融危机导致全球经济严重衰退。从此，一个前景黯淡、贫困和不平等现象加剧、劳动市场恶化、体制严重不稳、政治信任陷入危机的时代开始了。十年后的今天，这场危机的后果仍然存在，而且其中许多似乎已经制度化和长期化。这种前所未有的形势不禁使人严重怀疑，我们如今正生活在一个社会、政治、经济全面大衰退的时代。[132]尽管公众已日益对这种不稳定和不可靠的普遍状况有所察觉，但关于隐藏在当前状况背后的塑造个人生活的结构性力量，在很大程度上对他们来说还是很难发现或是难以理解的。不确定感、不安感、无助感以及对未来的焦虑感已深入骨髓，因此，那些呼吁人们撤退回自己的内心堡垒转而关注自我的话语，尤其是在这场危机中受创最深的人身上，找到了可以蓬勃发展的理想土地。

克里斯托弗·拉什[1]早在几十年前便提出：在动荡时期，生活往往会成为一种对"心理幸存"的锻炼。当人们在面对极不稳定、危险重重、难以预料的环境时，往往会选择撤退作为防御策略，他们在情感上远离一切世俗活动，从此只关注自己的心理健康和幸福状态。[133]以赛亚·伯林[2]也曾强调，当"外部世界变得了无生机、冷酷无情、毫无公正可言时"[134]，人会自然而然撤退回自由主义倡导的"内心堡垒"。杰克·巴巴列特[3]也给出了相似意见，他特别指出，"在经济和政治的低谷期，人们更能体会到自己作为情感个体的存在。"尽管呼吁人们撤退回内心堡垒并无新意也并非我们这个时代所特有，这种呼声还是在最近几年，特别

---

[1]　克里斯托弗·拉什（Christopher Lasch）是美国历史学家、道德家和社会批评家，他是罗彻斯特大学的历史教授。

[2]　以赛亚·伯林（Isaiah Berlin）是英国哲学家、观念史学家和政治理论家，也是20世纪最杰出的自由思想家之一。

[3]　杰克·巴巴列特（Jack Barbalet）是澳大利亚社会学家。

是在2008年经济崩溃和社会崩溃后不久，重新活跃了起来。[1]如社会学家米歇尔·拉蒙[2]最近所揭示的那样，后危机时代新自由主义社会中的个体最终开始相信："他们必须真正关注自我，重新振作起来，找回意志和力量，以便更好地抵御普遍经济衰退"135。这种信仰具有重要的社会学影响：这不仅仅关乎人们从此将注意力从凡尘俗世中完全转移到自己身上136；此外，在深信个人命运只与自身努力以及心理韧性息息相关的前提下，人们部分或完全丧失了设想社会政治变革的可能。

---

[1]　2008 年开始，生存主义在全世界的突然出现是一种极端却很能反映危机背后问题的示威。生存主义延续了一种极端的个人主义思想。它强调个人在社会分崩离析甚至万劫不复的情况下做好准备独自生存，能够自给自足。这种世界观并不是最近才出现的，只是近十年它的影响力越来越大，直至生存主义成为一种生活方式并且被一个日益强大的产业大肆宣传。（参见尼尔·豪伊：《千禧一代如何重塑生存主义产业》，《金融意识》2016 年 12 月 12 日，<financialsense.com/neil-howe/how-millennials-reshaping-survivalism-industry>）从 2008 年开始，有关自助精神和生存主义的电视节目、电影和书籍大获成功。例如，《荒野求生》这档电视节目（12 亿观众收看）成为全世界观众人数最多的电视节目之一。另外，相比 20 世纪 90 年代，2010 年至今的僵尸类电影和生存类电影的总数量翻了四倍。（参见扎克瑞·克罗克特、哈维尔·扎哈西纳：《为什么僵尸最能代表美国的梦魇》，《声音》2016 年 10 月 31 日，<vox.com/policy-and-politics/2016/10/31/13440402/zombie-political-history>）丹尼尔·内林和同事详细研究了生存主义最近几年怎样成为自助题材文学的中心话题以及它的发展程度。他们认为，自助生存作为一个成熟的题材提供了一种个人主义的视角，这种视角强调的是自我实现、自省和使用"能够适应、战胜或者避开社会压力的策略"实现梦想的必要性。（引自丹尼尔·内林等：《Transnational Popular Psychology and the Global Self-Help Industry. The Politics of Contemporary Social Change》，纽约，帕尔格雷夫麦克米兰出版社 2016，p.4）

[2]　米歇尔·拉蒙（Michèle Lamont）是加拿大的社会学家。

▶▷　正念疗法有限公司

　　五花八门的幸福疗法、幸福服务、幸福产品从此风靡全球。我们认为，这种世界级现象既是一种大规模文化趋势的征象也是其成因。我们要做的是探索这种文化趋势的内在性，寻找一种意志力与心理学上的解决方案，它们可以帮助人们适应不确定感与无助感、帮助人们处理在根本上造成不安全感的情况[137]。正念（mindfulness）能够最好地诠释这一切。正念传达的信息在于：主动将注意力聚焦于个人的内在并不意味着精疲力竭或是失去希望，恰恰相反，它是一种能够在这个可怕而混乱的世界中充分发展个人、提高行动能力的最佳方法。不管是被精神世界散发出的气息所笼罩也好，或是有偏科学性和世俗性的语言作为装饰也罢，正念的宗旨在于鼓励人们相信：如果他们开始相信自己、多些耐心、不再用挑剔的眼光看待事物、学会放手，那么一切都会变好。正念治疗指导客户将注意力放在自己"真实的内心世界"中；活在当下，过尽可能充实的生活；体验"真实的情感"；品味生活中的小事；分清轻重缓急，明确最优先要做的事；用积极、平静、坚韧的态度去应对周遭任何情况。《时代周刊》在2016年专门辟出一期名为《幸福的科学：发现快乐生活的新方法》的特刊，全部篇幅都用来介绍正念疗法、精神性与精神科学。其中有一些文章建议人们要"充分活在当下"以便"更高产、更幸福"[138]，要留些时间给自己，提防"所有消耗你时间的人，比如你的家人"[139]。还有一些文章则建议人们从日常活动中"获得乐趣"，包括那些最平淡无奇的事情（比如"有仪式感地切菜"[140]）。一篇名为《活在当下的艺术》（The Art Of Being Present）的文章向我们讲述了蒂姆·瑞安的亲身经历，这位来自俄亥俄州的民主党议员在体验了正念疗法后深深着迷，于是他决定为正念疗法奔走发声，呼吁联邦政府大幅增加用于该领域研究的专项资金：

> 2008年，刚参加完选举活动的瑞安精神紧张、疲惫不堪，于是他决定参加一个正念治疗研修班。其间他关掉自己的两部手机，整整三十六个小时的训练全程保持安静。瑞安说，"我的精神终于获得了平静，我的身心合二为一。我去见了乔恩，并对他说，'我们必须要研究这个！要让所有学校开设这门课程，还要把它纳入我们的医疗体系中'"[141]。

确实近年来，凡是讨论到公共卫生问题时，正念疗法自然而然就会成为一个中心话题。正念疗法的影子很快出现在公共政策、学校、卫生机构、监狱和军队中——甚至是为社会最贫困阶层（从芝加哥的非裔边缘女性到马德里郊区无家可归的人）提供的用以治疗抑郁的低成本健康项目中。[142]当然它也成为学术领域全面研究的对象。正念疗法诞生于20世纪80年代末,21世纪初受到积极心理学家大力推广,直至2008年才真正开始流行起来。仅仅在PubMed[1]上进行检索就可以发现,2000—2008年关于正念疗法的学术论文有300篇,而2008—2017年这个数字超过了3000,而且此阶段的正念疗法研究明显呈现出与诸如经济学、管理学和神经科学等学科相交叉的特征。与此同时,正念疗法本身已经成为一个利润丰厚的行业,每年会产生超过10亿美元的可观收益。线下课程、网上培训、研修班、手机应用程序等数不胜数的各种产品从此被贴上"正念疗法"的标签,它们大获成功,前景一片光明。以头脑空间[2]为例,凭借超过600万的下载次数,它在2017年获得超过3000万美元的利润。[143]在劳工领域,越来越多的跨国公司也开始引入正念疗法,比如通用磨坊[3]、英特尔[4]、福特、美国运通[5]以及谷歌(最近推出了"探索内在的自我"课程),当然这只是冰山一角。这些公司希望通过正念疗法来帮助员工"统治"压力、对抗持续的不安感,使员工通过"情绪管理"变得更具灵

---

[1]   PubMed 是一个免费的搜寻引擎,提供生物医学方面的论文搜寻以及摘要。

[2]   Headspace 是一个专注于教人们怎么冥想并提供语音引导的手机应用程序。

[3]   通用磨坊(General Mills)是一家世界财富 500 强企业,主要从事食品制作业务,为世界第六大食品公司。

[4]   英特尔公司(Intel Corporation),是世界上最大的半导体公司,也是第一家推出 x86 架构处理器的公司,总部位于美国加利福尼亚州圣克拉拉。

[5]   美国运通公司(American Express)是国际上最大的旅游服务及综合性财务、金融投资及信息处理的环球公司。

活性和生产力。正念疗法以这种方式与已经成熟的教练行业相融合，"正念疗法教练"从此成为新的职业趋势。

如今，以积极心理学家为首的"幸福专家们"将正念疗法视为至宝。这首先是因为正念疗法完美契合了所谓的幸福科学，它们同样主张物化内在性，内化责任感，把完善自我的执念变为一种强制的道德观念、个人需求和经济发展手段。此外，正念疗法完美契合了让幸福专家们与众不同的新自由主义世界观、个人主义假设以及狭隘的社会观。与幸福学家所认可的许多其他概念和方法一样，正念疗法之所以大行其道，是因为它承诺可以高效解决如今深深困扰新自由主义社会的"流行病"。虽然正念疗法被广泛认为可以给人带来内心平静，但是米格尔·法里亚斯和凯瑟琳·维克霍姆在《佛祖药丸：打坐冥想真的能改变你吗？》一书中指出，事实上正念疗法很可能加重了人们的消沉和焦虑情绪，因为人们在被迫不停地去探索自我的过程中脱离了现实。[144]

幸福产业中的所有产品都在鼓励人们进行自我关注、自我探索——说到底，就是怂恿人们躲进"内心堡垒"。正念疗法造成的这种长期的不满足感，不正是它承诺要治愈的吗？

▶▷ 幸福：个人主义的强势回归

如果说个人主义与幸福感二者相辅相成，那么通过遵从积极心理学的建议和方法来提升幸福感，则完全有可能与个人主义带来同样的社会影响和心理影响。

在人类历史长河中，我们似乎"没有比今天这个时代更长寿、更幸福"[145]。的确，个人主义现代社会让公民能更好地面对自己的生活，给予人们更多的自由和选择，提供了一个更有利于个人发展的环境，保证了范围更大的可能性，在这个范围内只要拥有必要的意志力，人们就可以完善自我的同时实现目标[146]。然而，我们每年可以看到数百万人求助于幸福专家提供的治疗、服务和产品，上文中宣称人类幸福的各种论断与这个庞大群体的动机显然是相互矛盾的。他们之所以决定要去寻求帮助，恰恰是因为他们不幸福——或至少不够幸福。

另外，一些科学研究的结果也驳斥了上述说法，这些研究认为如抑郁、焦虑、精神疾病、循环性情感症[1]、社会隔离等许多具体的群体现象与"自恋文化""自我文化""只爱自己的一代"（这几个耳熟能详的说法代表了在资本主义现代社会占主导地位、以自我为中心、占有欲强的个人主义）等文化现象之间存在直接的因果关系。[147]这种以自我为中心的个人主义破坏了能确保

---

[1]　循环性情感症（cyclothymia）是情感障碍之一、躁郁症的一种形式。在极性病谱中有定义此症。具体而言，此疾患属于较轻微形式的第二型双极性疾患，伴随有时常在欢欣鼓舞与低落沮丧之间徘徊的情绪波动症状。一次轻躁期的发生便足以诊断为循环性情感症，不过大多数人也有轻郁期。如果有重躁、重郁或是同时重躁重郁时期三种之一的病史发生，则绝不该被判定为循环性情感症。循环性情感症的终生发生率为 0.4%—1%。男性和女性的比率相同，但女性更常寻求治疗。

人们互相照顾的社会结构。[148]举个例子，英国的乔·考克斯心理孤独委员会[1]在2018年年初指出，日益加剧的社会隔离现象带给人民的生活越来越多的孤独感，进而导致了"令人震惊的危机"和"毁灭性后果"，英国首相特蕾莎·梅随即宣布，将把孤独问题作为公众健康的关键问题来面对。[149]受到弗里德里希·席勒[2]和马克斯·韦伯[3]思想的影响，查尔斯·泰勒[4]强调，个人主义和"现代世界的祛魅"[5]——即现代人索然无味、狭隘局限的生活之间存在联系。泰勒认为，个人主义逐渐削弱了使公民保持共同利益这种崇高认识的传统框架——他认为共同利益是唯一可以赋予人生意义和方向的合理视角。因此，道德、社会、文化、传统等，都可以被置于"自我"的范围之外，它们无法再对个人生活施加影响力，逐渐失去了魅力、神秘感和"魔力"。[150]

与此同时，积极心理学家的主张与许多社会学家的研究成

---

[1]　乔·考克斯心理孤独委员会（The Jo Cox Commission on Loneliness）是在英国议员乔·考克斯被谋杀后成立的一个组织，该组织计划寻找减少英国人孤独感的方法。

[2]　约翰·克里斯托弗·弗里德里希·冯·席勒（Johann Christoph Friedrich von Schiller，1759年11月10日—1805年5月9日），通常被称为弗里德里希·席勒，神圣罗马帝国18世纪著名诗人、哲学家、历史学家和剧作家，德国启蒙文学的代表人物之一。席勒是德国文学史上著名的"狂飙突进运动"的代表人物，也被公认为德意志文学史上地位仅次于歌德的伟大作家。

[3]　马克西米利安·卡尔·艾米尔·韦伯（Maximilian Emil Weber，1864年4月21日—1920年6月14日）是德国的哲学家、法学家、政治经济学家、社会学家，他被公认是现代社会学和公共行政学最重要的创始人之一。

[4]　查尔斯·泰勒（Charles Taylor），加拿大哲学家，其最著名的作品是《自我的根源》。

[5]　祛魅（disenchantment）一词源于马克斯·韦伯所说的"世界的祛魅"，指对于科学和知识的神秘性、神圣性、魅力性的消解。

果形成鲜明对比，后者认为个人主义直接导致了发达国家与发展中国家抑郁症患者和自杀人数的大幅上涨。例如，阿希斯·南迪研究了幸福作为意识形态在过去十年间对印度产生的影响。这种意识形态出现后不久，"无节制地追寻幸福"和对"塑造自我的能力"的普遍信仰成了印度突出的文化特征。结果是，许多印度人民坚信，"是时候认真考虑对自己的幸福负责了""幸福本身不会凭空出现，其他人也不会将自己的幸福拱手相让""必须加倍努力找寻才可以获得幸福"。[151]南迪认为，这种新式印度激情是"个人主义的副作用"，是一种文化"疾病"，是在西方国家爆发之后因为全球化扩散到全世界各个国家的"自恋文化统治"（regime of narcissism）。他认为，这种现象最主要的一个影响是：绝大部分印度人民深深体会到了前所未有的绝望和孤独。这也能部分解释为什么如今自杀在印度成为一种风气。

南迪的分析和一些将幸福学理解为个人主义意识形态和责任个人化主要载体的研究遥相呼应。[152]这些研究其实在强调幸福不应被视为痛苦的对立面，它们指出，幸福不仅孕育出冷漠、自私、自恋、以自我为中心等许多与个人主义相关的危害，还生发出其特有的痛苦形式[153]（我们将在第四章和第五章展开讨论）。一些研究人员，比如艾瑞丝·莫斯和她的同事指出，自从积极情感和个人经验成为度量幸福的标准之后，找寻幸福很有可能会加重孤独感以及远离他人的感受。[154]其他研究人员同样注意到了幸福与自恋的直接联系，自恋最常见的表现形式为自我歌颂、自私、以自我为中心、各种形式的傲慢、狂妄自大、极端的自我封闭——所有这些症状都暴露了严重的心理失常。[155]

顺理成章，幸福也与自责密切关联。受到幸福意识形态的影响，个人责任被人们过度内化，然而幸福学家对个人责任的界定实在模棱两可，这导致脆弱的人可能会承担难以确定根源或原因的责任，结果就是他们并没有犯错误却被莫名定罪。[156]每个人要对自己的选择、制定的目标、自己的幸福全权负责，于是，不幸福或没有能力感到幸福开始被认为是一种缺陷、一种耻辱：它代表了意志力减弱、心理机能失调，甚至代表失败的人生规划。吉尔·利波维斯基强调，如今不幸福或不够幸福是负罪感的来源、失败人生的象征。的确，今天大部分人都认为自己很幸福、自称很幸福或比较幸福，即使身处困境之中，他们也不会说自己是不幸的。[157]当被问到是否幸福时，大多数当代人都会回答很幸福甚至十分幸福，也许是因为担心因自己没能过上幸福生活而备受谴责。相关研究指出，避免过于消极地看待自己现在与过去的生活，有助于保护人们的自尊心免予被占据主导地位的幸福意识形态过度损害。[158]

一些积极心理学的代表人物承认，个人主义社会确实要为现代人呈指数增长的压力、焦虑、消沉、空虚、自恋、绝望以及他们所要面对的生理疾病和心理失调威胁承担部分责任。[159]但是，绝大部分幸福学家依然坚定认为，所有这些弊病的根源在于个人的心理缺陷：他们认为在面对这些弊病时，幸福程度越高的人就越坚强[160]。然而正如我们之前所言，这种观点是值得质疑的。因为幸福本身就包含了个人主义带来的种种痛苦，除此之外，它还造成了别的不幸。如此说来幸福非但没有解决问题，反而是在火上浇油。可这并没有阻止这些幸福学家取得成功，他们继续向世人灌输个人幸福等同于个人成功和社会成功的观念。许多十分重要的机构组织从此成为这种观念的坚定拥护者。其中教育领域（我们将在第三章展开讨论）和一些企业的例子给我们留下了最为深刻的印象。

▶▷　幸福教育

2008年，塞利格曼和莱亚德偶然聊起将积极心理学用于教育体系的话题，这次经历对塞利格曼似乎意义非凡，他按照惯常的夸张作风将其称为"具有重大转折意义的谈话"：

> 莱亚德和我作为特邀发言人出席了苏格兰信任与福祉中心的落成仪式，该机构由政府部分供资，任务是解决盛行于苏格兰教育体系和商业环境中所谓的"力不从心"问题。会议间隙，我们俩在格拉斯哥的一个贫民区闲逛。理查用他伊

顿公学[1]出身特有的悦耳口音对我说，"马丁，我拜读了你关于积极教育的研究成果，我想把它引进英国的学校。"

——"谢谢你，理查。很高兴我们的工作能够得到英国工党[2]高层的认可。我想我已经准备好在利物浦找一间学校搞试点研究了。"

——"你没明白，马丁。"理查用带着些许高傲的语气回答我说，"你跟大部分研究员一样，都迷信公共政策与事实之间存在关系。当科学依据大量实证直至观点变得天衣无缝、无可辩驳时，你可能觉得议会就会通过某个计划。但在我的政治生涯中，我从来没见过这种事。如果一门科学要干涉政治，那么首先要有足够的依据支撑，其次政界的大门要为之打开。现在我要对你说，积极教育的科学依据'足够令人满意'，这已经得到了我们经济学家的肯定。同时，政界也准备迎接你了。所以，我会把积极教育引入英国学校。"[161]

尽管证明有效性和相关性的科学依据是"令人满意的"，将积极心理学引入学校课程中似乎也不是最负责任的做法。值得一提的是，这次谈话其实并没有什么新鲜之处。因为自积极心理学

---

[1]　伊顿公学全名为温莎宫畔伊顿圣母英皇书院，是英国著名的男子公学，位于英格兰伊顿。
[2]　英国工党是英国两大主要执政党之一，英国左翼政党。

和幸福经济学建立之日起，这两个领域的专家就迫不及待地想插手学校的课程。他们主要的借口是：相比于任何其他变量，幸福能够更好地解释并预测教学质量、学生的成绩、学生现在以及成年之后的成就。

然而，这次谈话还是为我们指出了两个十分重要的问题。首先它让我们明白，在制定与教育相关的公共政策时，学者的意见起到举足轻重的作用。学校是向年轻人灌输价值观和传授自我认知模式的主要场所，随着积极心理学学者越来越多地参与到教育领域中，势必会影响年青一代所接受的价值观和自我认识模式，从而进一步影响到整个社会。其次，这次谈话让我们意识到了积极教育和它的构想已经以迅雷不及掩耳之势深深扎根于教育界之中。这是塞利格曼本人始料未及的。正如他最近所说的那样，也许带了些许讽刺意味："积极教育在全世界范围内迅速成长并广泛传播，我们不得不啧啧称奇"[162]。

▶▷　批量生产的幸福学生

毫无疑问，从2008年开始一直到今天，积极教育法在教育领域逐渐成为重中之重（至少在英语国家是如此）。以幸福概念为基础课程被纳入小学、初中、高中和大学的教学计划，尤其是在美国、英国和加拿大这些相关经费充裕的国家。这些课程在以新自由主义教育文化为背景下的国家中备受青睐，这种教育文化轻视批判精神、推理能力、学识素养，看重社交能力、管理能力、创业能力。[163] 从2008年起，加拿大不列颠哥伦比亚省[164]的教育部部长声称，今后的模范大学生应该是那些"有组织管理能力、大胆创新、有责任感、灵活处事、适应力强、能意识到自己的价值、充满自信、相信正确的行动和选择能够对生活产生积极影响"的人，"他们在实现目标并且从中体验到乐趣之后挖掘出了最大潜能，同时，他们知道要把自己的天赋和能力转化为利益。"于是，"向教师、学生、父母、高等教育机构、慈善组织、公司和政府部门推广积极教育"的公共或私人组织、智囊团、咨询公司、委员会和国际联盟的数量成倍增长，他们都希望能"说服制定公共政策的人改变想法，换一种世界观看问题，接受幸福教育的原则"[165]。我们仅从其中选取一例：国际积极教育联盟在2014年成立之后，迅速得到了几个私人基金会的大力支持。事实上，积极教育法在短时间内就出现在了中国、阿联酋、印度等超过17个国家的上千所中高等院校之中。[166]

十余年来，宣传推广积极教育法的公共、私人组织与积极心理学家、幸福经济学家通力合作，后者积极支持前者的各种倡议和举措并力证其合理性，而前者的倡议和举措也与后者的研究成果相互呼应。例如，莱亚德对积极教育法大加赞扬，他认为推行积极教育法势在必行，它将会彻底颠覆传统的教学模式。莱亚德表明，以幸福为中心的教育不仅是优质教育，而且具有重要的经济价值，因为它能够显著减少儿童的心理疾病（莱亚德告诉我们，在发达国家，成年人的心理疾病所造成的损失能够超过国内生产总值的5%）[167]。莱亚德与他的同事们还称：幸福教育应该从小学抓起，它不仅是"对抗抑郁情绪的解药"，也是"提高生活满意度的工具，有助于培养更好的学习习惯和创造性思维"[168]。然而，这些狂热的积极教育拥护者只把视野局限在心理学范畴，全然不顾当前的教育体系正面临着心理学范畴之外的各种挑战：社会和文化排斥，不平等现象不断加剧（包括大学入学资格的不平等）、公共资金大幅缩减、不稳定性持续增加、竞争越发激烈……诸如此类关键的结构性问题还有很多，而这些似乎是更需要优先解决的。也许在莱亚德的逻辑中，要从根源上解决这些问题代价过于高昂。在积极教育的支持下，许多以幸福概念为核心的课程开始投入运行。比如，英国九成的小学和七成的中学都开设了社交与情绪管理课程，这门耗资4130万英镑打造的课程向学生反复灌输怎样"管理自己的情绪、对自己的能力（尤其是学习能力）保持乐观态度、制定长期目标、积极看待自己"[169]。宾夕法尼亚韧性培养课程则向美国的中小学生教授如何"识别不恰当的想法"、如何"通过考虑其他解释来摆脱消极信念"、如何"面对艰难处境和消极情绪"，项目发起人辩称这门课程不应该仅仅局限于学校课堂，还应该推广到所有家庭中。[170]被美军采用的积极情绪、积极投入、人际关系、意义和成就课程也同样出现在学校课堂，与那些通过减少或消除消极因素来提升个人幸福感的课程不同，这门课程教人如何保持并促进积极情绪、积极行为和积极认知。[171]这类课程还有许多，比如巅峰计划课程和坚毅课程教大学生如何评估和克服个体之间的天赋差异、如何做自己情绪的主人、如何将自我激励能力最大化、如何制定宏伟目标并为达成目标而持之以恒，以及如何防止气馁[172]；情绪锻炼课程通过自我指导的干预措施来提高青少年的心理韧性、减少抑郁[173]；呼吸课程则引导学生体悟冥想、放松和情绪调节的益处[174]。

尽管幸福学家为这些介入教育领域的项目大唱颂歌，然而反观许多教育学专家，他们非但没有对这些课程项目表现出丝毫热情，甚至对其进行猛烈抨击，轻者批评其无效性，重者指责其有害性。这里尤其值得一提的是凯瑟琳·埃克莱斯顿和丹尼斯·海耶斯关于"教育的治疗转向"的研究，两位研究人员重点关注了这场教育领域变革的后果。[175]埃克莱斯顿和海耶斯指出积极教育带有个人主义和新自由主义偏见，此外他们还揭露了这些教育项目是如何推销"赋能"[1]这种花言巧语的。这种花言巧语以极其危险的方式暗暗催生了一种敏感脆弱的"退化的自我"。这个过程使学生变得幼稚，他们开始以纯粹关注自我内在情感来代替用智

---

[1]　赋能指个人或企业借由一种学习、参与、合作等过程或机制，获得掌控自己本身相关事务的力量，来提升个人生活品质和企业效益。

力思考，这些课程的"受益者"于是完全沦为心理评估和治疗鉴定的依赖者。克莱斯顿和海耶斯断言，这些手段使学生彻底执迷于自己的情感生活，从而丧失了自主性，他们之中的许多人因此陷入了焦虑与依赖治疗的恶性循环：

> 大多数儿童和青少年原本并没有受过什么伤害，但这些治疗课程将对他们造成极大的伤害。那么多学生说自己在接受过课程教育后感受到异常焦虑，这绝非偶然。[……]治疗教育在孩子们身上植入了脆弱和焦虑，他们把脆弱和焦虑表达出来，于是换来更多的治疗干预。[176]

另外，这些课程远不如幸福学家在专著中声称的那么有效。首先我们要注意，这些课程的所有承诺和愿景没有任何新意。整个20世纪下半叶，大量旨在解决类似问题的教学课程层出不穷，然而大多数都是在开始时大张旗鼓，到最后只能以失败告终草草收场。我们仅以自尊运动为例。这场出现于20世纪八九十年代的运动，是为了应对社会中普遍的自尊崩塌现象。当时有人提出，"不说绝大多数，许多困扰[……]我们社会的重要问题都源于大多数社会成员（过去曾经）缺乏自尊"[177]。这场运动中的重要人物纳撒尼尔·布兰登[1]特别指出，"从焦虑、抑郁到家庭暴力、虐待儿童，再到对亲密关系和成功的恐惧，没有一个心理问题不是因为缺少自尊造成的"。毫无疑问，"自尊对生活的各个方面都有着非常显著的影响"[178]。1986年，加利福尼亚州政府成立了负责自尊、个人责任和社会责任的特别工作组，这个曾短暂存在过数年的工作组曾享受政府每年24.5万美元的拨款，主要负责解决犯罪、成年人肥胖、毒瘾和辍学等问题。虽然此类举措一直收效甚微，美国国家自尊协会依然在20世纪90年代依靠研究人员和杰克·坎菲尔德[2]和安东尼·罗宾[3]等著名的自助题材作家之手推出了一个新的项目，然而与80年代的众多项目相比，这门课程也暴露出了存在于理论和方法论上的诸多问题，最终同样落得失败结局。

罗伊·鲍迈斯特和他的同事们详细研究了自尊运动，考察了自尊概念与它的理论影响和方法论影响[179]。研究者们得出的结论是："我们没有发现任何因素能证明（通过治疗法介入和学校课程）加强自尊心能够带来好处。"得出这个结论后，他们不乏讥讽地建议心理学家："最好不要自视甚高，自称对美国政策和

---

[1]　纳撒尼尔·布兰登（Nathaniel Branden）是一位加拿大裔美国心理治疗师和作家，因其在自尊心理学方面的工作而闻名。

[2]　杰克·坎菲尔德（Jack Canfield），闻名世界的顶级励志大师，他领导创作的《心灵鸡汤》系列被翻译为47种文字、全球销量过亿。

[3]　安东尼·罗宾（Anthony Robbins），1960年2月29日出生于美国加利福尼亚，世界潜能激励大师、世界第一成功导师、世界第一潜能开发大师。

国内舆论产生了重要影响之前，先虚心借鉴更完整、更可靠的实证依据也许比较合适。"[180]作为自尊运动基础的目标与假设，与之后积极心理学和它介入教育界时的目标和假设如出一辙。显而易见，自尊运动当时已展示出文化和意识形态结构是怎样借助相关学术研究与社会介入的力量，又反过来促进了它们的发展，但是它仍然无法证明自己的合理性。事实上，从一开始，针对这些课程（包括那些最知名、最被看好的课程）的有效性所开展的问卷调查，得到的结果便不甚理想。举个例子吧，针对社交与情绪管理课程有效性调查的最终报告，从头到尾都在说这项课程毫无可取之处："我们分析了接受课程学生的数据后得出结论，社交与情绪管理课程对学生的社交能力、情绪管理能力、心理健康和心理方面可能遇到的难题、社会行为、反社会行为和普遍意义的行为问题没有任何显著影响。"[181]针对其他课程（主要是那些以抗压和掌控自我为重点的课程）的研究报告则认为它们对相关学生的学业没有任何积极作用。相关报告都指出这些课程缺乏明显的效果，尤其是在预测儿童和青少年的未来行为时："虽然有许多证据表明个体所塑造的自我形象与个体会成为怎样的人呈正相关，但是能证明两者之间存在直接因果关系的实证性证据却少得可怜。"[182]埃克莱斯顿认为，在最乐观的情况下，这些课程项目所依据的概念和证据缺乏逻辑连贯性，几乎难以令人信服。"在最糟糕的情况下，这些课程不过是使用科学话语的伪装为自己辩护，与其他项目竞争公共资金罢了。"[183]

　　有些人认为，像积极心理学这样的运动如果能真正承认自己的历史文化背景以及自己的意识形态成见与个人主义倾向，它才会具有科学性。[184]如果这种事情真的发生了，我们会很乐意赞成上述观点。但是我们并不认为积极心理学会承认，最主要的原因是，积极心理学的威力恰恰源于它否认了自身背景和具有意识形态的成见：只有把自己描绘成一门非政治性的科学，它才能作为一种发挥极大效力的意识形态工具。正如休格曼所强调的：

　　　　心理学家拒绝承认他们是某些特定社会政治形态的同谋。因为如果他们承认了，就会毁掉以中立性为基础的信誉，而中立性是建立在科学客观性和不对研究对象作出任何道德评价的基础上的。因此，如同历史档案中展示的那样，心理学家主要是维持现状的"微调建筑师"，而不是社会政治变革的推动者。[185]

　　上述结论适用于积极心理学家，也完全适用于幸福经济学家。他们之所以拥有文化影响力、科学威望和社会影响，是因为他们能够将个人主义、功利主义和新自由主义治疗法的世界观包装成一种普遍通用的世界观，而这种普遍通用的世界观正是个人和社会所需要的。

┃第三章┃
工作中的积极性

"我觉得自己很不负责：要想继续从事我的工作，唯一的方法就是忘记我的陈词滥调对任何人都无济于事。但是，教练这个职业伴随着巨大的责任。[……]这个职业的内涵远大于闲聊的艺术。当你没有受过相关训练，就不应该试着去解决别人的问题。我再也不想去给别人提建议，告诉他们在日常工作和生活中应该怎么做。这不仅仅是一场职业危机，更是一场良心危机。"

——米歇尔·古德曼
《一个失败自助大师的忏悔录》

电影《在云端》中的故事发生于2008年世界经济危机后不久，许多美国企业不得不解雇成千上万的员工，可以想见，这会对人们的生活造成多么严重的影响。整个世界似乎都深陷衰颓之中，但是，这对于电影的男主角瑞恩来说却是个千载难逢的机遇。瑞恩是个裁员专家，受雇于一家"人力资源外包"公司。他喜欢单打独斗，享受独来独往的生活；他喜欢乘坐飞机到世界各地，喜欢充满未知的冒险，不过，他最喜欢的还是当下自由独立无须负责的生活。瑞恩也会主持一些高管研讨会，会上他常用空背包隐喻总结自己的"人生哲学"：人生如同旅行，只有卸掉过去的重担、摆脱他人的羁绊，轻装上阵才更有可能成功。他曾说过："我们走得越慢，死亡就会来得越快""我们不是与同类相依为命的天鹅，我们是鲨鱼"。瑞恩的工作不是简单地到一家陷入困境的公司，通知员工们被解雇的消息，因为"公司已经挺不住了"。他的主要任务是用伪造的乐观和虚假的美好前景来消除裁员带来的愤怒和绝望。为此，他经常说的话就是："那些曾经建立帝国或改变世界的人都经历过你现在的处境，而正是因为有过这样的经历，他们才成就了大事。"瑞恩魅力十足却也玩世不恭，他很清楚这是份不怎么光彩的营生，但他就是热爱这份工作，而且做得有声有色。然而，娜塔莉的出现却让他的工作岌岌可危。最近，刚刚被公司聘用的娜塔莉是一位前途光明的年轻心理学家，她研发出了一个成本低廉的全新系统，使公司可以通过视频会议的方式解雇员工。有了这个系统，公司就不再需要瑞恩这样的专业人士来提供服务了，因为他们的服务价格太过昂贵。眼见娜塔莉可能很快就要接管自己的工作，瑞恩没有别的选择，只得向娜塔莉传授裁员的艺术。

正如电影所呈现的那样，瑞恩不无自豪地认为自己的工作是一种"技艺"，与娜塔莉所借鉴的死板的心理学知识远不可相提并论。他们第一次合作期间，瑞恩在飞机上也是这样跟娜塔莉说的：

　　瑞恩：你觉得我们是做什么的？

　　娜塔莉：我们帮助刚刚失业的人克服求职中精神和物质上的障碍，同时将诉讼率降到最低。

　　瑞恩：那是我们的卖点，不是我们要做的。

　　娜塔莉：好吧……那我们是干什么的？

　　瑞恩：我们让地狱变得可以让人忍受，护送受伤的心灵渡过绝望的河流，到达一个几乎看不到希望的地方。然后我们停船，把他们推到水里，让他们自己游走。

瑞恩完全明白，操纵他人的情感需要一定的情感技巧和情商。辞退带来的沮丧、焦虑和沉重的情绪只有被其他情感代替时才能真正缓解，比如新的动力、乐观的态度、希望或一个相信未来会变好的理由。（即使最终的结果十分残酷、令人失望或即使这一切都是最原始的家长式作风[1]，这些都不重要）娜塔莉第一次"实战演练"时，瑞恩使出浑身解数展示了自己所有的技艺。娜塔莉这次要解雇的是鲍勃，十多年来鲍勃一直忠心耿耿，他不敢相信公司竟然会辞退他。

娜塔莉：或许您低估了职业转变有可能给孩子们带来的积极影响。

鲍勃：积极影响？领每星期250美元的失业救济金？这是你所谓的积极影响？你知道吗，我女儿有很严重的哮喘病。你觉得我靠那点儿钱还能给她买药吗？

娜塔莉：呃……试验证明，经历适度的创伤能让孩子更愿意动脑，这是他们应对环境的策略。

鲍勃：去你的吧，我的孩子会这么想就见鬼了。

娜塔莉没能"平息"鲍勃的愤怒，于是瑞恩接过话头：

---

[1] 家长式领导（paternalism，又称父爱主义、父权主义、温情主义、家长式作风、家长式管治）是一种行为，由个人、组织或国家试图为一些人或群体着想，去限制他们的自由或自主权。 家长作风也可以意味着该行为是对抗或忽视一个人的意志，或者该行为表现出优越感的态度。通常指的是一个指导者（"父亲"）代表其他人（"妻子"或"儿子"）替他们做出"为他们好"的决策，即便这样的决策违背他们的愿望。简言之，是"管你，是为你好"的思维，是旧式父权体制遗留下来的作风。

瑞恩：孩子们的崇拜对您来说很重要吧？

鲍勃：是的，没错，很重要。

瑞恩：我怀疑他们是否崇拜过您，鲍勃。

鲍勃：混蛋，你不是来安慰我的吗？

瑞恩：鲍勃，我不是心理专家，我只是来给你提个醒。你知道孩子们为什么崇拜运动员吗？

鲍勃：不知道，因为他们能搞内衣模特吧。

瑞恩：不是，那是成年人喜欢运动员的原因。孩子们喜欢运动员是因为他们追求自己的梦想。

鲍勃：好吧，但我不会扣篮。

瑞恩：是的，但你会烹饪。[……]你的简历上写着你上过法餐培训课。你曾经的梦想是烹饪，然而你最终决定放弃梦想，选择来这儿工作。他们当初给你多少薪水让你放弃了梦想啊，鲍勃？

鲍勃：一年27000。

瑞恩：你打算什么时候去做你真正喜欢的事情？

鲍勃：问得好……

瑞恩：现在你的机会来了，鲍勃。这是你重生的机会。

这番对话本身说明，通过向员工强调个人责任感、灌输幸福概念，积极心理学的情感技巧使企业结构重组更为便捷。瑞恩明白，鲍勃之所以无法摆脱愤怒和怨恨的情绪，是他的骄傲在作祟。只有制定新的职业目标并依靠自己的力量来实现，鲍勃才能放下这些情绪。事实上，不论是决定辞退鲍勃的公司高管、经营不善的公司还是糟糕的经济形势，没有谁是应受谴责的，瑞恩非常谨慎地在谈话中刻意避开这些外界因素。此刻鲍勃面前有个出路，当然这是否会是通往辉煌的坦途完全取决于他自己，更确切地说，取决于他能否彻底改变自身立身处世之方式。于是，裁员有了与以往截然不同的完全积极的意义。丢掉工作原本是飞来横祸，现在却成了意料之外的机遇，让人趁此机会改变自我、改变生活、体验重生、感受幸福。鲍勃将要开始崭新的生活了，未来究竟会如何全由他自己主宰。

芭芭拉·埃伦赖希解释说，当要为市场经济最残忍的一面辩解、为它过分的行为找借口、掩饰其疯狂的行径[186]时，幸福不只是成效令人怀疑的意识形态工具，它还提供了能够重新诠释劳动和雇佣劳动者概念的新话术与新技巧，这些新话术与新技巧同企业的结构调整需求一拍即合。幸福学和幸福学家在这方面功不可没，如今他们在企业中拥有重要的影响力。

▶▷　幸福企业的前身

从20世纪初开始，特别是从20世纪50年代以来，经济学家、心理学家和相关研究人员关于人类行为提出了许多颇有见地的观点，对整个人类社会产生了深刻影响。经济学家和心理学家从30年代就开始合作（值得一提的是埃尔顿·梅奥领导的霍桑实验[1]），而交叉学科和混合流派则出现于20世纪下半叶，如经济心理学、人力资源管理、消费者行为研究、营销学和教练学等。从那时起，以幸福和个人需求概念为代表的心理学话语，逐渐改变了经济行为的定义方式，而市场经济的变化则影响了对人类行为的主流心理学阐释。

人本主义心理学与其他学科的不同之处，便在于它将上述的幸福和个人需求等概念进行了理论化处理，而这些概念的理论化在建立经济学与心理学之间的联系上起到了至关重要的作用。正如罗杰·史密斯和库尔特·丹齐格表明，人本主义心理学在数次重要变革中举足轻重：战后的西方社会逐渐成为"心理社会"[187]（psychological societies），这很大程度上是因为受到人本主义心理学的影响；同时，人本主义心理学话术和技术从根本上塑造了企业组织结构的需求，亚伯拉罕·马斯洛[2]以著名的需求层次理

---

[1] 霍桑实验，是1924年美国国家科学院的全国科学委员会在西方电气公司所属的霍桑工厂进行的一项实验。

[2] 亚伯拉罕·马斯洛是美国著名社会心理学家，第三代心理学的开创者，提出了融合精神分析心理学和行为主义心理学的人本主义心理学，于其中融合了其美学思想。他的主要成就包括提出了人本主义心理学，提出了马斯洛需求层次理论，代表作品有《动机和人格》《存在心理学探索》《人性能达到的境界》等。

论[1]为基础建立的动机理论[2]在这方面有决定性的意义。至于心理学家卡尔·罗杰斯[3]、罗洛·梅[4]、加德纳·墨菲[5]、詹姆斯·布根塔尔[6]、勒内·杜博斯[7]、夏洛特·布勒[8]等，他们的主张虽然在学术领域没有引起太大反响，却在社会上尤其是工业领域中大获好评。

　　人本主义心理学为工业领域中一次决定性的过渡提供了理论

---

[1]　需求层次理论（hierarchy of needs）把需求分成生理需求（Physiological needs）、安全需求（safety needs）、爱和归属感（love and belonging）、尊重（esteem）和自我实现（self-actualization）五类，依次由较低层次到较高层次排列。在自我实现需求之后，还有自我超越需求（self-Transcendence needs），但通常不作为马斯洛需求层次理论中必要的层次，大多数会将自我超越合并至自我实现需求当中。

[2]　亚伯拉罕·马斯洛的动机理论认为人类受到需求层次的激励：他们在满足更高级的需求或需求之前，会先满足基本的生存需求。

[3]　卡尔·罗杰斯（Carl Ransom Rogers，1902年1月8日—1987年2月4日），美国心理学家，人本主义心理学的主要代表人物之一。他从事心理咨询和治疗的实践与研究，主张"以当事人为中心"的心理治疗方法，首创非指导性治疗（案主中心治疗），强调人具备自我调整以恢复心理健康的能力。

[4]　罗洛·梅（Rollo May，1909—1994）被称作"美国存在心理学之父"，也是人本主义心理学的杰出代表。20世纪中叶，他把欧洲的存在主义哲学和心理学思想介绍到美国，开创了美国的存在分析学和存在心理治疗。

[5]　加德纳·墨菲（Gardner Murphy，1895年7月8日—1979年3月19日），美国社会心理学家。

[6]　詹姆斯·布根塔尔（James Bugental，1915年12月25日—2008年9月17日）是存在主义—人文治疗运动的主要理论家和倡导者之一。

[7]　勒内·杜博斯（René Dubois）是法国出生的美国微生物学家，实验病理学家，环境保护主义者，人文主义者。

[8]　夏洛特·布勒（Charlotte Bühler，1893年12月20日—1974年2月3日）是一位德国发展心理学家。

基础。在始于20世纪初的科学管理[1]时期，雇用劳动者被要求尽可能适应其工作岗位的限制约束。进入新阶段后，曾经"以工作为本"的管理逻辑逐渐被"以人为本"的管理模式取代，从此，工作岗位要去主动匹配员工，满足其动机需求、情绪需求、情感需求以及社会需求。在这种人本主义心理学的影响下，人们开始认为：调整职位适应员工需求，是提高生产效率和生产力的最有效方法。[188]从埃尔顿·梅奥[2]、亨利·法约尔[3]、高尔顿·奥尔波特[4]、亨利·默里[5]、道格拉斯·麦格雷戈[6]、大卫·麦克利兰[7]的研究成果到一切与"工业人文主义"[189]（威廉·斯科特提出的术语）相关的文献，研究人类需求和幸福以及它们与生产效率和生产力的关系成为管理学理论的核心。马斯洛的动机理论在这里起

---

[1] 科学管理（scientific management）是19世纪末期，美国人弗里德里克·温斯罗·泰勒提出来的管理理论，因此又称为"泰勒制"，是西方管理学理论的开创性肇端，在很多方面有所应用。科学管理借由重新设计工作流程，对员工与工作任务之间的关系进行系统性的研究，以及透过标准化与客观分析等方式，以使效率与生产量极大化。泰勒是第一位提出科学管理观念的人，因此被尊称为科学管理之父，他详细地记录每个工作的步骤及所需时间，设计出最有效的工作方法，并对每个工作制订一定的工作标准量，归划为一个标准的工作流程；将人的动作与时间，以最经济的方式达成最高的生产量，因此又被称为机械模式。

[2] 埃尔顿·梅奥（1880—1949），美国管理学家，原籍澳大利亚，早期的行为科学--人际关系学说的创始人，美国艺术与科学院院士。

[3] 亨利·法约尔（Henri Fayol），古典管理理论的主要代表人之一，亦为管理过程学派的创始人。

[4] 高尔顿·奥尔波特（Gordon Allport, 1897—1967），美国人格心理学家，实验社会心理学之父。

[5] 亨利·默里（Henry Murray, 1893—1988）是哈佛大学的美国心理学家。

[6] 道格拉斯·麦格雷戈（Douglas McGregor, 1906—1964），美国著名的行为科学家，人性假设理论创始人，管理理论的奠基人之一，X-Y理论管理大师。

[7] 大卫·麦克利兰（David McClelland, 1917—1998），美国哈佛大学教授、行为心理学家、社会心理学家、当代研究动机理论的权威专家。

到了奠基作用。马斯洛将人类需求和幸福置于心理学任务的首要地位，他成功地让大众接受了两个观点：一是新管理主义（即新泰勒主义）观点，即考虑情绪和动机因素会给企业组织带来极大的经济效用；二是马斯洛认为自我实现是人类的根本需求，而组织是最有利于自我实现的结构配置之一。

马斯洛理论之所以如此广受欢迎，主要是因为它提出的人类行为模式几乎完美符合了战后资本主义的组织管理需求。正如吕克·布尔当斯基[1]和伊芙·齐亚佩罗[2]所强调的，安全在当时被认为是隐含在正式的劳动合同关系中的基本概念[190]。安全需求对人们来说至关重要，马斯洛的需求金字塔作出了很好的诠释。他认为，自我实现一个很重要的前提就是某些基本需求被满足：首先是安全感和稳定感，其次是生理需求、情感需求和社交需求[191]。人们普遍认为，经济保障与自我实现之间的关系体现在职业发展、职业长期路线、稳定薪金和晋升机会等概念中。至少对于最高效最有能力的雇员而言，"职业"保证其可以签下条件优渥的长期劳动合同。然而在随后的几十年里，市场经济发生了翻天覆地的变化，引发了对企业结构配置以及对"工作"和"安全"概念的重新思考。于是新自由主义跃升为主流，它的种种逻辑与以

---

[1]　吕克·布尔当斯基（Luc Boltanski，1940），法国当代知名社会学家，中生代社会学代表人物之一，现任法国高等社会科学院（EHESS）教授。
[2]　伊芙·齐亚佩罗（Ève Chiapello, 1965），法国社会学家。

往截然不同：引流疏通、风险承担、放松管制、个性化、极端消费主义……从那时起，一种被理查德·桑内特[1]称为"灵活资本主义"、被吕克·布尔当斯基和伊芙·齐亚佩罗称为"资本主义新精神"[192]的新制度出现了。这种"新精神"及其种种化身参与到企业组织生活当中，产生了新的道德规范。战后的工作合同从此成为一纸空文。

今天的企业要想与时俱进，必须将每个员工当作一个企业来对待。这个变化意味着必须要放弃某些主导工业社会的前提假设，首当其冲的便是个人对工作安全的追求。马斯洛在20世纪50年代提出了著名的需求层次理论，根据"需求金字塔"，个人在工作中找寻的是安全感，而安全需求是人类的基本需求，是在考虑自我实现之前首先应该满足的需求。然而，先不说它在理论层面上尚且存疑（如何解释有些人为了成为艺术家或为了从事新职业而牺牲安稳的现状？）；它对管理的诠释（即企业首先应该保证员工的安全，之后才能考虑自我实现的需要）也很难自圆其说。[193]

对个人责任感的高度重视是新式工作伦理最具代表性的特征。员工不再受外部、受他人领导，而是开始自我领导，这是过去40年来组织和管理理论最重要的变革之一，最为明显的例子

---

[1] 理查德·桑内特（1943—　）是伦敦经济学院社会学荣誉教授，前纽约大学人文学院教授。

就是"职业"被连续的"工作计划"所取代。[194]从前，人们在职业生活中只学习并不断精进一门明确的技能，以便完善自己，从而获得升职加薪；而如今的"工作计划"却完全不同，它所代表的是非结构化的职业路线，包含着巨大风险。个人同企业一样要"学会学习"，也就是说他们必须随机应变、独立自主、有创造性，以便能够自主决定学习什么技艺、使用什么方法、做出什么选择来适应一个前景未卜的市场。"计划"的出现让60年代职业生涯中"虚假的独立自主"不复存在，取而代之的是建立在自我了解、自由选择和自我成就之上的"真正的独立自主"。许多以前需要由企业承担的突发事件、面对的矛盾都转变成了个人责任，市场巨大的不确定性和竞争压力都压在了员工的肩上。

面对这般局面，过去几十年一直为管理学理论家以及大量临床心理学家、顾问和教育家所用的马斯洛金字塔模型，再也没有能力满足新的职业和企业配置需求。的确，当时，尤其是在20世纪90年代，大量研究报告质疑了马斯洛理论的科学有效性[195]，进而削弱了其作为员工主体性解释模型的有用性。因此，新的管理方法被迫寻找新的心理学模型，以便重新思考"人类需求"和"幸福"概念及其与员工的工作效率、在公司中的个人表现、职业参与程度之间的关系。

在这种情况下，积极心理学是最终找到的绝佳解决方案。积极心理学不仅囊括了人本主义心理学、自助文学和教练文化中业已出现的诸多观念[196]，还准备好了一套关于人类需求和幸福的全新话语，而这种新话语完美符合了新自由资本主义的组织需求和经济需求。我们有充足的理由这么说：就算积极心理学不曾存在，企业也会把它创造出来的。

▶▷ 倒置的"需求金字塔"：或幸福如何成为成功的先决条件

新的幸福概念在企业中得到普遍应用，证实了长期以来"心理"所占据的核心地位[197]。从60年代起，情绪、创造力、认知灵活性、自控力等令人眼花缭乱的心理学词汇逐步掩盖了现代职场中公认的结构缺陷及其内在固有的悖论和矛盾。心理学逐渐开始从道德角度重新审视对劳动者效率评价的合理性，于是一个更为客观、更为"科学"的评估框架随之而生。在新的框架体系下，对员工成败的考量与以往大相径庭：员工的成绩事实上是以自我为标尺的，有时"不足"，有时"最佳"。同时，要让员工学会通过充分发挥自主性和灵活性来正确处理职场中固有的风险。换言之，职场的结构缺陷之所以会转嫁到员工身上成为他们的责任，是因为心理学语言在推波助澜。人们最终相信，只要不断精进自我，他们便能够克服归咎于自身的各种困难，从而在职场中获得认可。从这种意义上来说，积极心理学最重要的贡献之一不是摒弃了马斯洛的需求金字塔，而是将它进行了上下颠倒。[198]

管理学专家、经济学家和心理学家着重墨大肆渲染职业成功与个人满足的直接联系，员工的幸福来源于他们在职场中的成功这一观点得以传播开来。于是，企业管理专家和人力资源专家开始重点研究工作条件（包括合作制企业、受竞争制度制约的企业的工作条件）、沟通模式、领导监督方式、奖惩手段、参与制度、认同制度等。同时，他们通过比较外向型人格与内向型人格、高智商与低智商、个人成就的动机与集体归属的动机，力图在人们身上发现能够提高效率以及个人满足感的相关特征。虽然管理学专家和心理学专家从90年代开始提出幸福和成功是相辅相成的，大部分关于企业的研究却仍然认为幸福是优化工作条件的结果，或者是在职场中被认可的结果。然而，积极心理学家对这种视角难以苟同，他们认为幸福和职场成功的关系应该是完全颠倒过来的，"过去的研究"失败在他们没意识到成功和幸福之间"正确的"因果关系；不是职场成功带来了幸福，恰恰相反："幸福是职场成功必不可少的条件，是幸福构成了职场中的成功。"[199]

积极心理学家认为，幸福的员工能够工作得更好，而且效率更高。在他们身上有更多的"组织公民行为"[1]，而且他们工作时会更加投入，能更好地应对组织变化及后续产生的各种各样的

---

[1]　组织公民行为（organizational citizenship behaviors）是一种员工自觉从事的行为，不包含在员工的正式工作要求中，但这种行为无疑会促进组织的有效运行。

任务，他们不会轻易倦怠，在情绪方面更加坚忍，不太可能从工作中"退缩"。总之，从方方面面考量，他们都是"更值得雇用的"[200]。幸福的员工更加独立自主，更加灵活；他们愿意承担更多的风险，所以面对突发情况他们没有丝毫迟疑，总是会制定更加雄心壮志的目标；他们的决策更富有创造性；他们不费吹灰之力就可以迅速分辨出光明的前景；最后，他们能够自己建立起更加丰富、更为广泛的职业网络和社交网络。

如今人们认为，这些个人品质有利于求职者获得更加稳定、有趣、报酬丰厚的工作。[201]之所以这么说，是因为相关专家提出幸福会引起某种"马太效应"[1]：高度幸福有利于在短期内获得成就和积极情绪状态，而这种短期的积极情绪状态为长期的成功和积极情绪状态打下了基础。"马太效应"可以说明为什么有些人不仅在私人生活中比别人幸福，同时在职场中也更加如鱼得水[202]。在梳理了相关研究之后，埃德·迪纳指出："如果说所有这些发现足够吸引眼球，那是因为它们排除了在职场中收获的满足感会直接导致幸福的可能性"[203]。积极推进这个观点传播的学者有很多，我们这里援引肖恩·埃科尔所著《幸福竞争力》的一个片段：

---

[1] 马太效应（Matthew effect），指强者愈强、弱者愈弱的现象。

过去十几年来，积极心理学和神经科学领域的革命性研究无可辩驳地证明了幸福和成功之间存在明确的单向关系：是幸福造就了成功，而不是成功带来了幸福。这项前沿科学让我们从此明白：幸福不只是成功的结果，幸福是成功的先决条件；幸福和乐观的态度确实能带来效率，孕育成功。[……]坐等幸福降临会束缚头脑、削弱获得成功的潜能，而培养积极的头脑会让我们更有动力、更有效率、更有韧性、更有创造力，从而使绩效得到提高。这一发现已得到成千上万的科学研究[……]和数十家世界500强企业的证实。[204]

从这个前提出发，幸福学家建立了全新的话语，旨在从零开始为员工搭建一个与工作场所、新的职业道德、职场权力分配新形式紧密联系的身份。幸福在此语境中是适应经济变化的必要条件；有了幸福，员工才能达到一定程度的稳定，获得更好的业绩，提高成功的可能性。因此，幸福变成了优质职业生活的先决条件，不过它还远不止于此：现代职场愈加看重积极情绪和积极态度等心理特征，甚至比专业技术资格和能力更为重要，于是幸福甚至成为进入职场的先决条件。的确，越来越多的管理人员表示，他们会根据幸福感和积极程度来选择员工。

►▷ 幸福心理资本 [1]

我们在前文说过幸福学家建立了全新话语，"幸福心理资本"这个崭新概念就是绝佳的例子。它鼓励人们不再局限于"人力资本"（该术语在20世纪60年代由经济学家加里·贝克尔[2]推广普及，在随后的几十年中仍热度不减）205，而是要更加注重发展内在力量、自主性、"自我效能"[3]、乐观、韧性等被认为与幸福息息相关的心理特征，总之就是所有能使人"绝地重生、重获力量与意志"的特征206。在《幸福地工作》一书中，作者杰西卡·普伊斯—琼斯表示："在工作中感到幸福可以帮助你充分发挥自身潜能，最大限度优化工作表现，理解自身糟糕表现的原因"207。作者在书中只关注个体本身，完全忽视了职场的结构性条件，也并未将企业目标与价值纳入考量范围之中。书中认为质疑以上价值观的员工具有消极人格特质，而消极人格特质往往会

---

[1] 心理资本（psychological capital）指符合积极行为标准并能通过开发而使个体获得价值的心理要素。

[2] 加里·贝克尔（Gary Becker），美国著名的经济学家，以研究微观经济理论而著称。他运用微观经济分析方法构建理论体系，坚持用经济人假设逻辑一贯地解析全部人类经济行为。1992年，他因"把微观经济分析的领域推广到包括非市场行为的人类行为和相互作用的广阔领域"而获得诺贝尔经济学奖。

[3] 自我效能由美国当代著名心理学家阿尔伯特·班杜拉（Albert Bandura，1925— ）提出，指个体对自己是否有能力完成某一行为所进行的推测与判断。

造成诸多障碍。的确，像亿万富豪谢家华[1]这样的幸福精神领袖强烈建议企业只雇用"积极"员工，解雇那些对构建积极企业文化不够热情或持有怀疑态度的人。[208]对这些专家来说，不是工作环境为员工带来了幸福，是幸福提高了公司的效率，创造了一个经济积极、多产的工作环境，而且这完全是幸福的功劳：

通过分类比较我们发现，与幸福感最低的一组员工相比，幸福感最高的员工在精力上高于前者180%。任何人都希望与精力充沛的人接触，因为他们总是充满热情、鼓舞人心。[……]据调查显示，幸福感最高的员工在工作投入程度上比幸福感最低的员工多了108%。幸福感最高的员工自认为他们比起幸福感最低的员工挖掘了更大比例的潜力，这方面他们在次数上比后者多出了40%。也许是因为幸福感最高的员工制定的目标更多（多出了30%），以及他们能够更加迅速调整好迎接挑战（反应程度快了27%）[……]工作环境的好坏对你是否能在工作中体验到幸福并无影响。宽敞明亮的新办公室、格调不俗的机织地毯、配有高科技设备的办公桌以及增加薪水会使幸福感暂时上升，但随后员工体验到的幸福感

---

[1]　谢家华（Tony Hsieh，1973 年 12 月 12 日—　　），生于美国伊利诺伊州，在旧金山长大，是一名华裔美国人，著名网络企业家和创业投资家。他曾创办 LinkExchange，现为线上成衣与鞋子商店，Zappos.com 的首席执行官。

会很快回归到日常水平。[209]

关注自己的工作、赞成公司的价值观、有效应对情绪波动，最重要的是运用内在力量来最大限度地发挥自己的潜力……这些都是增加积极心理资本的关键要素。具有此类资本优势的员工不仅更加高效高产，他们精力更加充沛，思考方式更具创造性，面对企业内部结构变革不会过分愤世嫉俗，面对压力和苦恼更加坚韧，而且更能与企业文化互为助益。[210]因此，积极心理学家特别为员工们发明了众多新型工具，使他们"能够更加从容地应对现代职场生活中的瞬息万变、预算限制，以及任务多样化带来的种种制约"[211]。所有这些"积极干预"工具的初衷是强调、维持并发展积极认知和积极情绪（自主性、灵活性、投入度和心理韧性）；它们的目的是将员工变成"实体"，变成完全独立自主的人格。

因此，制造"幸福员工"（而不只是让员工幸福），已成为众多大型企业所关心的头等大事。这些企业越来越需要幸福专家的服务来让自己的员工身心愉悦，燃起员工的工作热情，帮助员工避免在面对解雇消息时做出过激的情绪反应，尤其是让员工在心理层面更加自主、在认知和情感层面更加灵活。在这方面，"首席幸福官"的出现尤其值得关注。过去三年以来，首席幸福官在大量欧美企业中（Zappos[1]、谷歌、乐高和宜家）纷纷涌现。事实上，首席幸福官就是拥有特殊职能的人力资源管理人员：他们相信幸福会造就更加高效、更加多产的优秀员工，他们的职能在于提升员工的幸福感、保证员工呈现出最佳自我、激发员工的积极性、使员工在工作中获得快乐、提高员工的生产力。这些专家则宣称，他们将借助经科学认证的特定方法，旨在让所有员工具备高度的自我调节能力、学习能力和抗压能力，以便能够独自做出决定、与同事融洽相处、合理应对不确定性、迅速适应意外改变、以积极有效的方式从另一种角度看待逆境。在这个风云变幻、动荡不安、被激烈竞争所主导的新自由主义世界里，自主性和灵活性从此成为企业最为看重的能力。

然而自主性和灵活性本身是两个相悖的特质。虽然幸福学家们承诺员工能够摆脱企业束缚并在职场中获得充分发展，但他们所使用的积极心理学方法却适得其反。只需看看企业中的现实情况，我们就能意识到积极心理学家远没有兑现自己的承诺：在这些方法影响下，员工将雇主对他们的控制与要求内在化，导致员工最终在不知不觉中迎合了雇主的期待。

---

[1]　Zappos 是一家位于内华达州拉斯维加斯的在线鞋类和服装零售商。2009 年 7 月，亚马逊以约 12 亿美元的全股票交易收购了 Zappos。

▶▷　积极组织行为学

过去三十年来，"企业文化"概念在很大程度上促进了外部控制向自我控制的过渡。也正是"企业文化"的出现使员工与企业之间的关系发生了巨大转变：在此之前，二者关系是由规定了双方互惠互补义务的劳动合同所定义的；后来，这种关系逐渐演变为以互相信任与投入为基础的道德关系。其实这不过是合同的新形式，在新的合同框架下，企业利益与员工利益不再是此消彼长的互补关系，而是一荣俱荣的统一关系。因此，信任和投入成为自我控制的另一面，即员工主动对自己进行控制。企业不再对员工实行"自上而下"的控制，而是努力将员工塑造成为能够吸收、代表、再现企业文化（包括企业的普遍原则、价值观和目标）的"实体"。

企业文化采取半民主的环境，帮助员工建立起自己与企业及其同事之间的情感和道德纽带。正如我们所言，这种情感和道德联系是以互相信任和投入为前提的。一方面，企业文化通过使工作环境更像家庭巩固了员工对企业的归属感，进而模糊了职场生活和私人生活界限[212]；另一方面，企业文化激励员工开展自己的职业计划、全身心投入工作任务当中、身处困境时加倍努力、永远保持积极乐观（如此，企业和员工都会在同等程度上受益）。

为了实现以最低成本最大化生产力的目标，积极心理学专家专门开发出两套研究方案，即积极组织行为研究[213]和全面健康管理[214]，用以研究"自我效能"、乐观、希望、同情和心理韧性对员工的工作投入度和积极性有何作用。"谷歌文化"就是积极企业文化的典型代表：

> 员工想什么时间来公司上班都可以，他们可以带着自己的狗，可以穿着睡衣；只要有需要，员工在公司可以随时随地享用美餐；健身中心、医疗室和洗衣房常年开放供员工使用；最后，办公楼每层的走廊上都专门留有房间供员工在任何时间喝杯咖啡稍作休息。这样令人放松的、"有趣的"环境显然对企业非常有利，因为它可以使员工更加投入、更具创造力和生产力。谷歌公司的人力资源措施与扼杀创造力的僵化等级制度完全不同。当所有充满干劲、能力卓越的人才共享同样的愿景时，他们就不需要管理者了。[……]谷歌公司倡导的是一种"我认为我可以"的文化，而不是"你不可以"的传统官僚主义文化。[……]有才干的人不愿意被别人授意应该干什么；他们想要在共同出力的小团体中与人互动；他们希望得到反馈，希望投身于伟大的计划中，希望把时间花在自己最富创造性的想法上，希望公司能真正关心他们私人生活的质量，希望有一个很酷的工作环境。[215]

企业文化鼓励员工将工作场所视为一个有利于"个人充分发展"的特权场所，同时鼓励将积极心理学的话术和方法视为真正的工具。心理资本这个概念便显得尤为重要了，因为它强调员工应将工作视为机会，而非必需或义务。罗伯特·比斯瓦斯—迪纳和本·迪恩在《积极心理学》一书中指出，"工作对我们的身份是如此重要，以至于我们可以自豪而肯定地宣称，是工作决定了我们是谁，是工作表现了我们内在的才能、需要和兴趣"[216]。如果个人将工作视为"使命"而非"义务"，那么相比之下他通常会更有作为：

　　把工作视为使命的人从本质上热爱他们的工作，他们认为自己的所作所为会创造价值。他们不在乎报酬，因为他们可以接受"不为金钱工作"。[……]这类人喜欢操心自己的工作，工作时间之外也是如此，他们可以毫不犹豫地带着文件夹出发旅行。值得注意的是，他们中的大部分人不是简单意义上一秒都不停歇的工作狂，而是真正相信工作能让世界变得更美好。[……]令人震惊的是：无论你是披萨外送员还是高度专业的外科医生，唯一重要的是你如何看待自己的工作[217]。

　　两位作者恐怕根本没考虑披萨外送员、麦当劳收银员或是办公室清洁工到底是如何看待"使命"的。他们只满足于提出这样的假设：如果工人阶级或中下层阶级愿意，他们便可以将中上层阶级的理想变为自己的理想。

　　米基·麦吉用一种批判的口吻强调，这种使命的概念作为新教[1]的直接产物，曾深深地影响了自助题材的文学，使命强调对真我的追求和实现，后来被世俗化，大范围地成了经济和社会新秩序造成的令人焦虑的不确定性的解药。[218]基于彼得森和塞利格曼提出的积极优势与美德的分类法，积极心理学提出，那些注定要施展才华、发挥才能的人，换句话说那些不负使命的人在生活的各个方面都能取得非凡成就，他们每一天都充满动力，都能体验到工作的乐趣，都会经历个人成长。[219]工作场所对他们来说是大显身手的舞台，在这里他们灵活而自主地体验生活，进而锻炼自己的真正才能。

▶ ▷　**永恒的灵活性**

　　在个人投入的前提下，"永恒的灵活性"以有悖常理的方式

---

[1]　新教，"基督新教"的简称，常常被直接称为基督教，与天主教、东正教并列，为广义上的基督教的三大派别之一。新教于16世纪宗教改革运动中脱离天主教而形成的新宗派，或其中不断分化出的派系的统称。

成为新自由主义企业的一个重要参数。灵活性通常被认为是"企业在最大限度地控制成本、期限、组织结构崩坏以及糟糕业绩的前提下，持续满足消费者各种期望的能力"[220]，事实上，灵活性很大程度上取决于员工，而不是任何技术因素。从这个意义上说，个人灵活执行任务的能力成为企业生产力的主要来源之一，因此旨在提高这种能力的心理学技术尤其受到重视和追捧。

灵活性既关系到企业（的组织结构），又关系到个人（的情感结构和认知结构）。组织结构的灵活性可以为企业降低成本、带来收益[221]，然而它大大增加了员工的不安全感。因此，新的工作组织形式不可避免地出现了，在新的就业制度下，工作更加没有保障、任务更加细碎繁多、各种条件更加动荡不安。过去几年以来，临时工、兼职人员以及未充分就业的劳动力人数明显呈井喷式增长，新的劳动法律条款极大地便利了企业的聘用与解雇操作。通过在企业高产期增加员工的工作时间、实行工作轮换、给付员工同样的工资却让其处理更多样的任务等，严重打乱了原有的工作秩序。正如路易斯·尤基特尔和N.R.柯兰菲尔德所言，"能为公司带来安全感的一切，却成为员工不安全感的来源"[222]。

爱德华多·克雷斯波和玛丽亚·安帕罗·塞拉诺—帕斯夸尔等研究人员分析了由欧盟推动的关于灵活性的论述，它的假设是增加工作条件的灵活性将提高劳动力市场的安全性，而工作条件的僵化死板则被视为经济不稳定的根源（会阻碍生产力发展并造成普遍性失业）。放宽劳动法规、增加灵活度势在必行，这样才能鼓励产业更好地适应市场新规则，并创造更多的就业机会。[223]市场再也不能保证工作的安全，于是灵活性成为企业和员工应对变幻莫测的国际经济形势的唯一法宝：

> 灵活性一方面是指员工在生活中成功做出改变（"过渡"）。[……]灵活性可以促进员工进步，从而让他们找到更好的工作，有利于激发员工的"升职动力"，促进员工才能的最大化发展。此外，工作组织的灵活性可以快速高效地满足新的生产需求，掌握必要的新能力，有利于兼顾个人职业责任与生活责任。另一方面，安全感的内涵远不止于有一个铁饭碗，它还意味着为员工提供在职场生活中进步的方法，并帮助他们找到新工作。[224]

克雷斯波和塞拉诺—帕斯夸尔认为，这些措施以非常典型的方式代表了一种新的工作文化，它的成立基础是国家对劳务市场管制的放松、一种提倡个人责任感而牺牲集体责任感与团结精神的模式。因此，政治与经济的脆弱变成了个体的脆弱，工作领域经历了去政治化和逐渐心理化的过程，从此，管理干预的关注重点从企业转移到了员工身上。

　　企业结构不确定性带来的重担被转移到了员工的肩上，灵活性的强制要求让这一转移过程有了合理性。[225]积极心理学技术方法在其中起到了重要作用，因为它们被认为可以帮助员工改进自己情感和认知的适应能力。这个语境下，灵活性是韧性的同义词。心理韧性强的员工不会放任自己被困境吓倒：他们能一直努力，将棘手的局面转化为对自己有利的局面。他们能将挫折变为提升自我、发展个人的机会。积极心理学认为，正是因为这些原因，他们能在认识层面和行为层面表现得更为灵活。他们懂得积极应对各种各样任务的要求；职位的重新安排和工作环境的调整丝毫不会扰乱他们。他们懂得在面对激烈变化的局面时随机应变，他们也知道如何根据从困难经历中汲取的教训来提高业绩。[226]有良好心理韧性的员工会相对较少受到如抑郁、压力、职业倦怠、情绪耗竭等心理问题的困扰。令人沮丧的工作环境、人际关系间的困难、频繁目睹的悲剧、过于繁重的工作、微薄的工资……护士职业因此时常作为证明心理韧性至关重要的鲜明例子，也就出现在积极心理学的文献中。虽然警察、消防员和军人这些职业也经常在这种语境下被提及，不过积极心理学的文献尤其突出了具有高度心理韧性的护士职业，因为这群人淋漓尽致地诠释了面对负面经历和不利工作环境时的适应能力和自我调节能力，而这正是积极心理学坚持强调任何人皆可具备的能力[227]。在选择员工时将心理韧性置于首位，可以有效回避日后可能出现的大量敏感问题，比如员工要求增加预算、提高工资、延长假期、给予工作更多的认可等，而那些被认为没有幸福和生产力重要的职业伦理问题就更不值得一提了。

因此，企业对心理韧性概念如此津津乐道也就不足为奇了：心理韧性强的员工坚不可摧、有责任心、独立自主、能够轻而易举地适应变化，他们符合理想雇员的画像。心理韧性还有助于维持工作领域隐含的等级制度，维护主导意识形态和雇主要求的合理性。至于充满问题的、极不稳定的、难以令人满意的工作环境所带来的心理成本[1]，从此需要员工自己去处理。

如今，员工平均在一生中会多次更换职业，他们签订定期劳动合同的频率远大于从前，这在美国和欧洲已成趋势，美国劳工统计局和欧盟统计局分别进行的研究便很能说明问题[228]。领英[2]最近发布的一项研究显示，一种新型的"跳槽型求职者"（job-hoppers）出现了，他们在职业生涯中所签的劳动合同总量几乎是几十年的员工的三倍。[229]另外，现在的员工平均会比以前的员工花费更多的时间和精力更换工作、维持人际网络、适应不断变化的市场趋势。[230]最后，似乎有越来越多的就业人口哪怕在同时从事几份工作的情况下，仍处于勉强维持收支平衡的状态，这种

---

[1]　心理成本指劳动力在企业外部的劳动力市场进行自愿流动时所承受的一些心理上的变化，包括新的工作环境的压力、新的生活环境的压力、不同社会文化背景的压力等。

[2]　领英（LinkedIn）是全球最大职业社交网站，是一家面向商业客户的社交网络。

趋势在蓝领和白领群体中都越发明显。企业要求员工始终保持高效运转，要求员工尽其所能不要让私人生活以及工作之外的责任——特别是家庭责任——对工作有丝毫妨碍，这对女性来说是沉重而复杂的挑战，尤其因为她们的工资水平普遍比男性并且比男性更容易受到不稳定性和失业的影响。

心理韧性逐渐被公认为一种卓越的个人品质，而并非强制个体按要求行事的心理学委婉说辞。因此，个体被鼓励充分开发利用这种能力，以便在如今的劳动力市场中游刃有余。《顶住职场压力：将危机转化成机会》一书中指出，心理韧性是心理禀赋中最珍贵的一种：

> 我们人类愿意相信自己善于学习、改变、驾驭生活中的一切困难。在职场中，自力更生长久以来都是最为宝贵的品质之一。不论作为企业管理人员还是普通员工，我们始终希望自己能够常以新面貌示人，因为这可以证明我们长期具有适应压力变化的能力[……]然而如今社会压力和经济压力异常严重，使我们很难如自己所期待的那样去高度适应。尽管我们仍然想要相信自己善于学习、改变、驾驭高压局面的能力，如今风云变幻的局势还是会严重打击那些缺乏真正抗压能力的人。在这个充满压力的时代，心理韧性比以往都要重要。这本书会教您如何具有抗压能力，保证您无论身处什么

环境都可以成功。[231]

▶▷　自主性: 另一个悖论

　　跟工作投入度和心理韧性一样, 自主性在企业中也是积极行为的一个要素。为什么呢? 因为责任不再是以垂直方向分配, 而是以水平方向分配。因此, 员工必须对其工作内大部分突发事件负责, 必须要自己管控实现目标所需要的一切 (人际技能[1]、物质资源等)。很明显, 在这种情况下, 个人要为自己的结果完全负责。商业代理人就是典型例子: 他们必须为公司发展客户, 确保客户的信誉度, 充分满足客户需求, 提出创新的点子来提高推销策略的效率、带来更多收益。而雇主的原则就是: 员工的业绩无论好坏, 完全取决于他自己付出的努力。

　　与自控力、自我调节、自我效能这类心理学概念紧密相关的自主性, 是许多积极心理学技术的主要目标。这些技术被认为有助于促进 "情绪模式" 的转变 ("情绪模式" 指的是个体为其成功和失败赋予合理性的方式), 激励人们以更积极的方式多多 "肯定自己", 在人们心中种下希望 ("希望" 在这里被视为设定目标和认为自己能够通过努力来实现目标的能力), 引导

---

[1]　人际技能指管理者把握与处理人际关系的有关技能。即理解、领导、控制、激励他人并与他人共事的能力。

人们体验感恩和宽恕，培养坚定的乐观心态[232]。幸福学家认为，个人自主性不仅对企业有利，它还对个人发展和自我实现至关重要。克里斯托弗·彼得森和马丁·塞利格曼毫不犹豫地指出，所有"认真锻炼自控力的人要比其他人更幸福、更高效、也更易成功"[233]。这些促进情绪与认知自我调节的方法使员工能够提高业绩，帮助他们与同事、领导、客户等对话者建立积极有益的关系，"管理"自身负面情绪，培养有利于身心健康的良好习惯，以合理心态面对风险与不确定性，以积极有效的方式看待自身失败，等等。

然而，这种自主性观念本身就充满了悖论，似乎甚至含有非常阴暗的一面。自主性的拥护者们也是自相矛盾的。企业一面鼓励员工自主；一面要求他们遵照包括企业原则、价值观和目标在内的企业文化，也就是要求他们放弃真正的自主。自主性同时还强调独立和首创精神，然而绝大多数员工并不会以绝对主权的方式进行决策，也没有真正选择他们的任务和他们应该实现的目标，同样他们无法真正控制公司会分配给自己多少时间来完成任务。

员工的可用性程度成为重要的评定标准：他们要尽可能做到随时待命，互联网和现代通信技术严重模糊了私人生活和职场生活的界限。企业从自身立场出发，要求员工提高"自控力"，员工于是越来越频繁地经历各种复杂晦涩的评估过程。自主性似乎只是花言巧语,其最终目的是敦促员工去做那些他们原本不会主动去做的事情,即并不与自身工作和生计休戚相关的事情。企业要求员工高产高效无可厚非,但是企业打着为员工着想的旗号说服员工为公司谋利益,这才是症结所在。

　　把员工的自主性与员工的幸福和成功紧密联系起来,只不过是企业用来掩盖其真正目的的手段,企业实际上是借此将自身遭遇困难或失败的责任转嫁到员工身上。正如我们上文所言,当代经济固有的风险重担从此落在了员工肩上,他们被要求为企业面临的困难承担责任,就连他们自己也深深认同这是理所当然的。然而这种沉重的压力有时甚至是摧毁性的灾难。2006年,雷诺公司某工厂的一位技术员在工作地点自杀,这件事引起了社会学家米凯拉·马扎诺的密切关注。随后的调查报告明确指出,这位遭遇不幸的雷诺员工是残暴无情的管理制度的受害者,他与自己的众多同事一样,完全内化了企业应该承担的责任。法国2006年的自杀风险率约为10%,而在位于伊夫林省[1]基扬库尔[2]的雷诺技术中心,自杀风险率竟高达30%[234]……马扎诺强调这次悲剧绝非特例。必须指出,任何大型企业在推进自身企业文化的同时,都不可避免地会损害基于团结和互相支持的社会结构。2016年,美国

---

[1]　伊夫林省(Yvelines)是法国法兰西岛大区所辖的省份。
[2]　基扬库尔(Guyancourt)是法国伊夫林省的一个市镇,位于该省东部,属于凡尔赛区。

国家劳工关系委员会针对T-Mobile[1]公司发起了全国性的集团诉讼[2]，因为公司的雇佣合同中有一项条款要求员工维持"积极的工作环境"。美国国家劳工关系委员会判定"积极的工作环境"概念"模棱两可、含混不清"，它只会影响员工之间进行自由的交谈，妨碍其在必要时组织并联合起来。T-Mobile因其推行的政策阻碍到了工会组织而频繁遭受指控，这次集团诉讼只是将一系列指控推向了顶峰。[235]

因此，如今职场中所倡导的独立性和自主性更有利于企业的利益而非员工的幸福，因"积极的环境"而受益的仅仅是那些发号施令的领导者，当然还包括为构建积极环境提供必要知识的专家学者……归根结底，这种自主性究竟是真是假已并不重要。事实上在许多情况下，公司已不再需要对其员工进行真正的控制，因为他们中的许多人已经开始深信他们的幸福、职业价值和个人价值几乎完全取决于自身表现。

▶▷ 必要条件

正如我们所见，职场成功导致个人幸福的论断连同著名的需

---

[1] T-Mobile 是一家跨国移动电话运营商。
[2] 集团诉讼（class action）是指一个或数个代表，为了集团成员全体的共同的利益，代表全体集团成员提起的诉讼。

求金字塔已被彻底颠覆。职场得以极大地重塑，工作者身份的构建方式也发生了彻底改变。这种前所未有的逻辑并没有"补充"职场中已经存在的主观性模式，而是逐渐取代了这些模式。这是由积极心理学家在企业内部发起的全新文化进程，在此进程中，幸福逐渐成为成功的必要条件。积极心理学家指出，幸福才是解释职场成功的原因，并自豪地称其为过去几十年来最激动人心的"发现"，如今他们又声称已经证实提高幸福程度有助于满足人们的各种"必要需求"，例如找到收入稳定的工作、在工作项目中大显身手、建立良好的社交网络、过上身心健康的生活等。

然而，这种新逻辑并不局限于工作领域，它已经扩展到了生活的各个领域。归根结底，各式各样关于幸福的词汇与手段背后的中心思想是：幸福造就的不仅仅是好员工，更是好公民。第四章我们将就此展开讨论，重点研究幸福公民典范具有哪些主要心理特征。

┃第四章┃
待售的幸福自我

"广告的基点只有一个：幸福。[……]不过，什么是幸福？幸福，就是在你需要更多幸福之前的这一刻。"

——唐·德雷珀

《广告狂人》

在"改变的可能"这个网站上，成千上万个访客可以互相交流他们在困境中改变自我、最终成就人生的励志故事，并彼此分享掌控生活的诀窍。教练、私人顾问和"自助"题材作家借助这个平台为自己宣传，向渴望改善生活却又不想花费太多的人们提供获取幸福秘诀的服务、知识和方法。艾米·克洛弗是常年活跃在网络世界的幸福教练，每日会在网站上分享自己摆脱抑郁症和强迫症最终获得幸福的经历。她是如何做到的呢？因为她意识到一切都完全取决于自己，要成为自己思想和情感的主人，要更加积极地面对自己的人生际遇：

　　我以前总认为幸福都是人精心营造的假象。[……]过去的每一天我都在苦苦挣扎，以致我从不敢奢望自己能过上轻松的日子，也很难想象其他人的幸福是真实的。或许我可能就是不愿意这么想。[……]我曾经酗酒，吃减肥药，希望变得更加迷人，让别人关注到我的外表，也只注意我的外表（这样他们就看不到我真正很糟糕的地方了）。我被自身的各种问题困扰，深陷其中好似囚徒。有时我甚至觉得自己可能再也走不出这个牢笼了。[……]我终于下定决心要彻底改变人生。尽管这似乎令人难以置信，但在接下来的几年里，我逐渐战胜了抑郁。我选择永不言弃，绝不向困难屈服。然而失败总是在所难免的，但我每次都会坚强地从崩溃中重新站起身来。七年后的今天，我已成为一名斗志昂扬的职业教练，我决心要帮助你意识到自己所拥有的力量，克服一切阻碍你获得幸福的困难。你当前的处境并不重要，如果你感觉到不幸福，这恰恰说明你的生活需要些改变。生命如此短暂，我们不应该生活在失去希望的阴影之中。[……]当然，有些疾病、问题和局面是我们不能掌控也无法改变的，但是如何面对、回应这些问题取决于你，在这些问题变成真正的威胁之前决定能做些什么来挽救局面也取决于你。[……]我之所以这么积极地为治疗法辩护，是因为它曾在我非常晦暗的时期扮演了至关重要的角色。即便你没有被诊断出患有任何特殊的疾病，治疗也可以帮助你摆脱某种心灵上的困惑、缠绕你多年的心理问题，而这些困惑和问题很可能是阻碍你获得真正幸福的因素。[……]最重要的是要选择幸福，要选择为幸福而奋斗。为什么不去追求梦寐以求的生活呢？为什么不去体验杂志里描述的那种成功呢？为什么不为了世界变得更好而奋斗呢？[236]

与网站中其他许多文章一样，这篇文章中的诸多观点值得我们深入探讨。首先，它再次揭示了幸福既是衡量人生成功与否的道德标准和心理学标准，也是人生的巅峰：一个人必须改善自我，努力奋斗，"帮助自己"，将障碍转化为机遇并牢牢握在手中，才能最终收获幸福。文章的前提假设是努力总会有收获。文章中对人生幸福、积极的时刻与脆弱、痛苦、失败的时刻进行的区分耐人寻味：前者必须要在他人面前展现出来，然而后者却被认为是失去掌控力导致的心理缺陷，是一种需要努力掩盖的不光彩表现（我曾经酗酒，吃减肥药，希望变得更加迷人，让别人关注到我的外表，也只注意我的外表，这样他们就看不到我真正很糟糕的地方了）。虽然艾米确实向读者分享了自己遇到的困难，但这与前文的分析并不矛盾：一方面，将幸福视为一场"战斗"（对抗自我以及对抗不利环境的战斗）的观念在这里被进一步强化；另一方面，艾米仅仅以回顾的方式揭露了自己遇到的困难（她在走上幸福之路之后才决定提及这些问题，她之所以等待这一时机，是因为她想把自己的故事当作一个自我提升的案例）。

其次，这些人生故事告诉我们，所有幸福故事都采用了同样的叙事模板。此类故事的根本在于借助包容性极强的通用治疗方案去帮助任何人适应任何情况：首先要承认问题的存在；接下来要果断决定做自己的主宰；如有需要，向专家寻求帮助；另外，要像艾米那样重塑面对自身思想与情绪的方式。然而这里并未提供任何具体路径。于是，理解这种"通用方案"如何能够应用于自己的生活并解决自己的特殊问题，成了落在每个人肩头的责任。虽然幸福学家和相关专家认为赋予生活意义对于拥有幸福生活至关重要，然而他们从未试图澄清能够赋予生活意义的究竟是什么，只是不停强调这个问题得靠每个人自己去回答。此类关于幸福的叙事缺乏实质性内容，但具有极高的可塑性，因此它适用于各种各样的具体情况，也能够被许多人分享。事实上，这种叙事不否认个体的特殊性，只不过不会刻意强调罢了。

最后，跟其他同类故事一样，艾米故事的前提假设是所有人（无论其生活满意度处于什么水平），无一例外总是需要更多幸福感，幸福感在此语境下等同于积极的不断提升，而不仅仅是消极的不存在。幸福既不是人生中某个特殊阶段，也不是人生的最终阶段，它是一个持续的过程——一个无穷无尽自我完善的过程，即个体进行自我塑造的过程。这类故事把个人根本上不完美的前提假设与提升自我的美好计划结合在了一起。这种语境下的个体总是不完整的、缺少某些东西的，这是因为充分全面的幸福和个人成长都是理想中才会有的，因此也是永远无法企及的。

以上这些对于正确理解我们的主题至关重要。这些观点确实可以让我们明白为何幸福如今能在市场中占有如此重要的地位，甚至成为一种绝对意义上的商品。幸福不再只是为卖出其他商品而提出的一句简单好记的口号，也不再只是用空洞而短暂的愉悦感来诱惑老主顾的一张空头支票；幸福本身成了产品，成了在市场发展过程中衡量个体成长和“赋能”情况的标尺。

情绪商品的供求不断增长，幸福成了这个横空出世的世界级产业中被盲目追捧的商品。这类商品不仅仅提供欢乐、平静、消遭、充满希望、抚慰人心的时刻，它的作用在于将追寻幸福变成一种生活方式，变成一种存在和处事的方式，一种绝对意义上的精神，以及一种让新自由主义社会中的公民成为名副其实的"精神公民"的个体模式。

精神公民是一类崇尚个人主义和消费主义的主体。新自由主义社会中拥有这种特质的公民主体本质上是这样一类消费者：追求幸福是他们的第二天性，他们认为自己的价值取决于不断自我优化的能力。我们在别的著作中论述过[237]这种个体模式不仅与市场需求相呼应——包括一系列资本主义经济提出的要求：比如情绪的"自我管理"、可靠性以及持续自我完善；通过使用心理学和有关情绪的措辞重新组织语言进行回炉再造，这种个体模式还给这些需求赋予了全面的合理性。我们不得不把与市场紧密相连、被市场打造的幸福看作是一种标准，而不仅仅是一种情绪。这种观点来源于针对治疗文化[238]的一些社会学视角分析以及先前关于市场和幸福意识形态之间同质关系的研究。比如山姆·宾克利对关于幸福的现代心理学话语是这样分析的：

　　幸福使一种具有政治经济性质的逻辑更容易转化为一种个人的、情感的、身体的实践。表面上看来，幸福为个体注入了活力、乐观与"积极情绪"，其实，这些不过是新自由主义话语在个体身上内化的直接表现形式，在幸福成为每个人不懈追求的目标之后，幸福制度取代了通过他人管理自己的残余模式。个体想要过上幸福生活的良好意愿正好符合新自由主义的诉求：希望人们选择一种利益至上、保持竞争力的生活方式。[239]

接下来，我们将探讨幸福商品化的多样形式与这些商品所对应的心理学特征之间的密切关系。所有这些心理学特征构成了非常幸福、功能最优的"精神公民"的典型人格。我们认为情绪自我管理、真诚性以及充分发展最能定义"精神公民"人格的三个心理学特征，也是它与幸福产业的契合点。虽然这三种特征彼此紧密交缠，我们还是要逐一对其进行研究。

▶▷ 管理好你的情绪！

"自我管理"是幸福个体的主要特征之一，幸福个体能够理性地、战略性地"管理"自己的想法和情感，以达到自我激励的目的，使自己在不利形势下仍能保持不屈不挠、高效行动，最大化成功的可能性。积极心理学家、以自助题材创作的作家、教练以及幸福学专家不停强调，培养良好的自我管理能力在生活的方方面面都起着决定性作用。[240]许多学者承袭米歇尔·福柯的观点，对这些主张进行了有理有据的批判，并由此推论出：自我管理是建立在人们可以完全按照自身意愿掌控生活的假设之上的，对自我管理的深信不疑会促使个体认为自己理所当然要为发生在自己身上的任何事情负责。[241]这种责任感通过自称具有科学性的实证主义话语得到强化，从而使"自我管理"变成了一种心理学特征而不仅仅是个人天赋，也因此让一种意识形态的要求变成了自然而普遍的品质。在幸福学家的眼中，所有个体都应该具备一种能够实现全方位自我管理的心理机制，当然这种心理机制需要以适当的心理学方法为参考，并以发展与完善自我为前提。

▶▷　把幸福当成习惯

改善身心健康状况、预防疾病、克服焦虑感和无助感、用积极有效的方式理性看待失败，以上是种种"经科学认证"的心理学方法承诺会达到的效果，积极心理学家认为这些方法可以满足任何人的需求、适合任何人的情况。其中有些方法旨在改变人们的认知方式和情感模式[242]，促使人们理性看待自身成功与失败的原因，鼓励人们以更加积极的方式给予自身更多肯定[243]。有些方法给人以希望，这些方法实质上是"一种以具体目标为导向的思维模式，它可以帮助人们描绘出通向具体目标的路线图[路线思维，帮助人们于自身处发现走上追求目标之路所需的动力（动力思维）][244]"。还有些方法教人们学会感激与宽恕、培养乐观态度，乐观态度在这里被定义为"一个能够反映个体对未来期待有多美好的个人变量"[245]。

上述所有方法有些重要的共同之处。一方面，它们的设计初衷是打造快销产品，而并非对个体心理进行深刻的结构重塑，因此只触及易于理解、掌握、规划和改变的日常生活实践层面。另一方面，所有这些方法都承诺只需少许投入和努力就能迅速收获可观成效。它们并没有涉及深入复杂的分析，提供的只是简单易懂的实际建议，这些建议用来教会人们解决日常生活中的难题并且把障碍转换成提高效率的刺激源。

但是，上述心理学方法为了实现更有效的商品化，首先完全没有提及无意识这个概念。事实上，无意识意味着个体中存在无法企及的精神领域，对这些领域产生影响是非常困难的；但是，在上述方法的语境下，个体的精神是完全可知、可了解的，人们可以窥探自己的精神并且根据意愿对其进行操纵。其次，这些方法为个人提供的是一种比较通俗、非专业的语言体系，其中的关键术语是"乐观""希望""自我肯定""感恩""满足感"等，这个语言体系可以帮助个体了解这些方法提出的所谓"精神"。非专业的语言体系是专门为"自助治疗者"准备的，"自助治疗者"指的是那些对自己的需求、目标、问题、恐惧非常清楚并且能够自己解决问题的人。最后，这些方法将"自我调节"描述为一个温和的过程。在这个过程中，个人应该避免任何负面情绪、糟糕的记忆或自我评价,要专注于他们的成就、优势、积极情感、美好的记忆、梦想和期望。

上述心理学方法的目的就是将幸福变成一种习惯,即一种完全内化的、自动化的行为。事实上,这个目标不仅是积极心理学和教练行业经久不衰的主题,也是整个自助文学的御用题材。从塞缪尔·斯迈尔斯到霍瑞修·爱尔杰,从诺曼·文森特·皮尔、尼古拉斯·希尔到丹尼尔·卡耐基、安东尼·罗宾斯,他们笔下的自助理念不断强调,获得幸福的终极秘诀在于孜孜不倦地追寻,在于把追寻幸福变为一种日常习惯。例如,索尼亚·柳博米尔斯基在《幸福多了40%》一书结尾处这样写道:

> 显然,每个人都应该制定这样的目标:积极思考,把某些行为策略变成习惯。[……]人们应该下定决心多安排一些能带来幸福感的事情,并且将这种行为变成日常生活的习惯:原谅他人,品味每一个瞬间,个人的充分发展,从积极的一面看待事物,尽量无意识、自然而然地行动起来。这种习惯有助于把能带来幸福感的行动转化为日常生活中一种有规律的活动——这点非常难实现。[……]归根结底,本书旨在激励你养成更加健康的新习惯。[246]

事实上,健康、高效、表现出最大潜力的个体就是根据情商的概念来定义的。"情商"（情绪商数）一词指的是"能够感知和适当表达情感感受，借用情感来促进反思、理解情绪、正确应对情绪，以便在情感层面上更好地发展"[247]。"情商"不再是一个使用矛盾修辞法构成的词组表达，它从此被视为一种能力，甚至是最重要的能力之一：个体必须获得这种能力，以便在各种可能或可预期的领域中取得成功——尤其是在职场中以及普遍意义的经济生活中。诸如情商等概念本身表达了社会对于情绪合理化的强烈要求。如今，情绪正处于新自由主义社会自我疗愈思潮的核心，它们被看作是身心健康和社会适应能力的最主要来源，同时也是导致各种痛苦、不适应以及身心困扰的罪魁祸首，社会因此要求人们努力调节甚至"掌握"情绪。这种日益急迫的要求明显在呼吁人们消费。的确，如今能够激起消费者消费欲望的，与其说是其提高社会地位的愿望，不如说是其实现有效自我管理的愿望，即调节自身情感生活的愿望。[248]

▶ ▷ 打开你的幸福 APP

我们以应用软件Happify为例，在规模日益扩大、盈利不断增加的虚拟幸福市场中，拥有超过300万用户的Happify是如今最受欢迎的手机应用之一。就像在"健康和体能""福祉""自助""个人发展"或者"幸福"标签下出售的无数其他应用程序一样，Happify承诺能帮助用户调节他们的实时情绪状态，Happify会以具体实例作为支撑，来说明如何调动积极情绪和想法，如何在生活中的不同领域实现雄心壮志，总而言之如何提高幸福程度。想要使用Happify的所有功能，用户每月只需支付11.99美元。

用户首次使用Happify时需要填写一份问卷，其中用户被要求明确个人目标并评估自己的幸福程度。这份问卷其实是塞利格曼和彼得森在2004年设计的问卷的简化版本，而后者的目的我们在上文已经提过，那就是引导回答问卷的人发现自身的"内在力量"。Happify为用户提供多种不同的关卡步骤，其中包括"克服消极想法""积极应对压力""兼顾家庭与职场""激励自己走向成功""找到自己的使命"或者"打造稳固的婚姻"……其中一些是通关必需的基础关卡。"克服消极想法"是积极心理学专业教练德里克·卡朋特的构想，号称是经过科学认证的。在Happify应用程序中可以看到，"卡朋特持有宾夕法尼亚大学应用积极心理学硕士学位，接受其辅导的客户形形色色、不计其数，从财富美国500强企业的主管到美军军官及家中妻子，卡朋特向他们传授积极心理学，教导他们学会情绪忍耐"。"克服消极想法"专题开始的两个活动是"崭新起飞"和"赢在今天"，用户可以从中感受到积极的力量，活动鼓励用户去反思每日所作所为，指导他们去更多关注自己最近的进步。Happify向用户承诺，只要克服自己潜在的消极态度，严格遵守既定指示，只需几日他们的幸福值就能翻倍。

　　用户完成一个关卡步骤之后，应用程序会提示他们进入下一个关卡。如果用户出色地完成了任务，系统会奖励用户相应的"幸福值"。应用程序会监测并核实用户的情绪改善状况，为用户提供有关"情绪健康"的每日报告。如果用户愿意，应用程序还可以提供一份用户"情绪状态变化过程"的生理信息报告：通过连接智能手表或者借助智能手机中的其他监测器（比如加速度传感器），应用程序可以监测用户心率，分析睡眠情况以及其他状况。除此之外，应用会建议用户与其他用户——"好友""社区"中的成员分享他们实时记录的情绪数据和生理数据，交流自己的"独门秘诀"和建议。APP甚至会发起一些挑战来界定哪个用户是"最幸福的人"。除了这些针对常规用户设计的栏目之外，Happify也为首次使用的用户专门提出了"几套方案"："家庭与孩子""爱情与私人生活""事业与金钱"……最值得注意的是"如何更好地工作"：这个栏目旨在将员工打造成拥有积极情绪的人，从而让他们更加高效、专注，更加投入工作生活中。同样，Happify还向用户承诺，他们可以享受到"低投资，高收益"，事实上，帮助用户改变精神状态的练习不会让人头痛的。在Happify的网站上，我们看到一位用户的使用体验如下：

　　　在Happify掌握的能力有助于我用不同的方式去面对挑

战。在办公室，我拥有了动力，我变得比以前高效——我以前有拖延症，但现在的我是个行动派，我不再放着任务不干任它们堆积如山。我用一种积极的模式去反思，这让我对自己更有信心，让我从根本上觉得自己更加幸福。

这类应用之所以如此吸引用户，是因为它们吹嘘"为改善情绪健康和幸福状况提供行之有效且经科学认证的解决方案"[249]。而这里所谓的"科学认证"不过是为增加程序应用价值的说辞罢了。网站会快速引导访客点开"Happify背后的专家"专栏，在一长串为Happify歌功颂德的心理学家、教练、社会科学研究人员的名单最顶端，芭芭拉·弗雷德里克森、索尼亚·柳博米尔斯基等一众积极心理学家赫然在列。访客在网站中可以看到，"Happify所提供的训练计划是与当代最优秀、最睿智的专家、研究人员、相关从业人员们通力合作的设计成果，他们对Happify充满信心，同Happify一样对改善人类生活充满热忱"。其实，这是个互利共赢的过程。这些功能繁多的智能手机应用程序方便易懂，许多幸福学专家顺理成章视其为发展幸福市场以及促进幸福学研究的绝佳工具。[250]于是在2016年，一个名为"Happify实验室"的平台应际而生，其目的在于吸引并促成"全世界科学家的合作，使积极心理学与积极神经科学更上一层楼"。这个平台可以提供大量有关行为模式的数据。Happify的首席执行官托默·本—奇奇认为，所有这些数据将会越来越有价值，因为它们"不仅能够帮助普罗大众，还能助力积极心理学发展，促进幸福学产业繁荣，深化人类对情绪健康、精神健康和积极心理学的共同理解"。

Happify和其他类似的情绪商品都是一丘之貉，它们成功的原因在于将幸福量化、商品化。幸福已不能再是某种品质或某种抽象价值。因为如果幸福不被量化，那么它就不会如此深刻地嵌入国家的政治体系中，就不会如此深刻地影响经济和公共政策决策过程。一个领域要想实现商业化，光有几个概念和一套词汇是远远不够的，更重要的是拿出量化、评估、比较和计算效率的方法。[251]提出衡量机制是为了保证可以在投入相应成本之后立刻计算预期的"投资回报"。这些计算方法同时也为情绪商品戴上了可信度与合理性的光环。Happify的营销定位并不是仅供人娱乐消遣的应用程序，正如前文所述，它的卖点是其"经科学认证的"有效性，Happify声称86%的用户在连续使用8周后，幸福感显著提高。

另外，前文提及的投资立见回报（更何况投资成本极低）观念是成功实现幸福制度化的重要因素。情绪商品不是很贵，又能保证快速回本盈利。另外，情绪商品甚至还能帮助顾客省钱：通过预防心理疾病，情绪商品可以使人们避免代价昂贵的治疗；通过长期保证人们身心健康，情绪商品可以使社会保障体系和保险公司摆脱日益沉重的资产负债表；通过提升员工的生产率、增加其动力、提高工作投入程度、提高出勤率，情绪商品有助于企业省下大笔管理成本以及人力资源成本。

最重要的是，这些应用软件的成功所反映的不仅仅是现代社会越来越要求个体通过"自我引导"（即进行自我情绪调节）的方式对自己负责；同时，它也反映了个人是有多么心甘情愿地同意（并享受）每天对自己进行监督和管理。这些应用软件监测并记录下用户的情绪、"想法"、身体或生理"信号"，最终形成的大规模统计数据可以用来研究、预测、定义用户的行为模式，而这背后暗藏着巨大商机。令人震惊的是，竟然有这么多用户不假思索地投入到了每日的自我监督行动之中，可他们万万想不到，无数大公司正为他们的热切行为坐收渔翁之利。这种现象首先说明了新自由社会中的个体（尤其是新生代），已经将我们不断提及的"咒语"进行了深刻的内化，这道咒语就是：最有价值的生活是严格自我审视、时刻自我调节的生活。各种手机软件将这道咒语传播到世界的每个角落，以致无论是在新自由主义伦理中，还是在如今关于幸福概念的科学话语和大众话语中，我们都能轻而易举地发现它的存在。这些应用不仅将纯粹的意识形态视为理所当然（并且理所当然地认为用户已经视其为理所当然），还把自我监督变成了无关痛痒的游戏。

尽管这些致力于"自我引导"的应用在某种程度上可能让用户体会到了自己掌控身心的感觉，然而它们掩盖了许多至关重要的问题。因为它们悄无声息地鼓动用户完全浸入自己的"内心生活",促使他们不停思考如何操控自身想法、情绪和身体。这些本应助人实时"管理"和修正日常情绪心境的步骤催生了许多新形式的不满与沮丧。完美实现"自我引导"的诱人承诺很快露出凶神恶煞的一面:如果有谁不进行持续的自我监督,那么他显然就很可能会成为漠视规矩、无视自我的不幸之人。

此外,这些应用软件同时也将人的内在进行了物化。它们声称能够像外科手术般精准地把握并量化用户心理,借助彩色图像、数字、曲线和图表,以完全客观的方式将其呈现出来。然而用户其实毫无主导权,他们既没有实现"自我管理",也没有实现"自我引导":他们只不过是主动接受了那些规定他们应该如何思考、如何行动、如何感觉的假设和要求,或多或少盲目地塑造自己的主观性和身份。同样的推理过程也适用于对真诚性的迫切需要,下面我们将就此展开探讨。

▶▷ 做你自己!

真诚性被视为幸福人格另一个至关重要的组成部分。作为人本主义心理学的杰出代表人物,卡尔·罗杰斯在《论人的成长》[252]中以克尔凯郭尔的方式和存在主义的方式定义了真诚性:真诚性,就是"做真正的自我"。罗杰斯认为,真诚性在于毫不畏惧地表达自己真实的情感和想法，"而不是表面上一种态度，但在更深层次或无意识中是另外一种态度"[253]。他认为个人发展主要包含两个方面，首先，人要意识到心理问题来源于自身，完全是个人视角问题："直接影响或决定行为本身的不是国家制度和文化因素，而首先是（有可能仅仅是）个体对这些因素的感知方式。换句话说，决定行为的至关重要的因素是个人的感知范围"[254]。最终，在成为一个人的过程中，个体会受到引导去逐渐发现完全属于自己的能力和天赋。亚伯拉罕·马斯洛对此做了更加深入的阐释。在《人性能达到的境界》一书中，马斯洛提出，正是在发现自己因何而生并付诸行动的过程中，个体实现了自我："为实现内心平静，音乐家要谱曲，画家要作画，诗人要写诗。"[255]正是在做自己生来要做之事以及最擅长之事时，个体实现了自我成长：运用自己内在的能力和天赋，能够让人过上心理健康的生活，一种个人充分发展的生活。

积极心理学家在很大程度上借鉴了罗杰斯和马斯洛这种对真诚性的人本主义思考：对于他们而言，真诚在于"毫不掩饰地展现自我"，在于"真诚地处事为人"，在于"不找任何借口"，在于"对自己的情感和行动负责"。[256]同样，积极心理学家认为带着真诚性行动、专注于自己最擅长之事的个体最终能成大事[257]。不过，与人本主义心理学家以及之前种种运动（比如19世纪下半叶的浪漫主义运动和自由主义运动，20世纪的宗教运动和新时代运动）[258]所持观点相反的是，积极心理学将真诚性重新概念化，将其置于进化论视角以及实证主义视角下加以审视，最终使其演变为一种心理特征。于是，真诚性成了一个具有生物学性质的稳定特征，可以被客观地测量、分类和描述。

▶ ▷　作为人格特征的真诚性

彼得森和塞利格曼著名的《积极心理学手册》很好地诠释了积极心理学对真诚性的态度。两位作者归纳出6种"美德"和24种"优势"，它们不仅具有普遍性，而且具有深刻的"生物学基础，在生物进化的过程中这6种美德和24种优势脱颖而出，因为它们是解决物种生存必要任务的重要手段"。这其中包括"创造力""坚持""自控""情商""公民精神""领导力""希望"和"灵性"等。彼得森和塞利格曼认为，正是这些美德和优势彼此之间的定量结合定义了真诚性，它们在个体内心中催生了真诚的情感，给予他们能量和动力；其次，它们为个体制定目标和实现目标提供了极大的帮助；最后，作为心理特征，它们无论在任何具体情况下都会是完全稳定的。基于以上前提，积极心理学家开始大肆宣扬：个体应该天生具有这些"在行为方式、思考方式以及感知真诚与能量的方式中起决定性作用"[259]的心理学特征。

如此看来，真诚性必须重视；于是，无论是在私人生活中还是公共生活中，培养这种品质甚至是每天刻意显露出这种品质开始变得尤为重要。积极心理学家认为，个体表现出越多的真诚性，就越能从自身所处的环境、人际关系、个人抉择以及事业中收获幸福[260]。真诚性让个体能够遵照其深层本质行事；因此，真诚性能够巩固自尊心、提高自我效能——至关重要的两个品质，当个体受挫或者处于脆弱状态时，自尊心和自我效能可以起到心理缓冲的作用。因此，真诚性在个人层面上意味着心理健康，在社会层面上意味着独立自主。真诚性在高度自信的个体身上尤为突出，他们不惧怕表达自己的真正身份。具备真诚品质的人往往被认为是值得信赖的，因为他们显得更加"合群"也更加"纯良"。在工作领域，真诚性是佳绩和成功的保障，因为真诚的个人倾向于选择自己天生适合且已经做好准备的任务。

最重要的是，真诚性作为效用的同义词，在经济领域变得尤为重要。对于一个假设个人根据自身品位和偏好塑造自我并试图传播此假设的市场来说，个人的真诚性正是其存在于世的基础，每个人的选择都会准确反映出个体的身份和意愿。这并不意味着消费者更喜欢真货而非赝品[261]，这意味着任何消费行为都是在表达和重申一种符合自我形象的真实选择[262]。因此，市场的需求和幸福学的主张不谋而合，两者之间唯一的细微差别在于：市场把真诚性定义为在众多选项中做出最符合个体本质的选择的持续性行动，而积极心理学家和其他幸福学家则把真诚性定义为主导个体去做对其而言最自然、最能带来愉悦感的事情的冲动。"如果有什么能让你感觉到幸福，那就大胆去尝试吧"，诸如此类话语，在广告中、积极心理学的文章中、自助题材的作品中或者十分昂贵的教练课程中比比皆是。

▶ ▷ 商品化你的真诚性：我们是如何成为品牌的

真诚性既是社会对个体的首要要求，又是科学层面上定义何为幸福之人的决定性概念，它对于指导顾客如何培养自身心理能力的幸福产业来说不可或缺。建议的形式根据提供方不同而有所不同。比如在学术领域就存在多种多样的方式，旨在帮助人们发觉自身被忽略的天赋并运用到实践当中。大量工具被用于实现此目标，其中不乏个人优势评估问卷和行为价值问卷等，而Happify这类手机应用负责将问卷推广到大众中间。这些工具都是治疗服务的极好案例，治疗师和客户在治疗服务过程中建立了一种交换关系，与其说真诚性是在这种关系中被发现的，倒不如将其理解为双方互相协商后共同创造的产物。

上述聚焦于真诚性的方法与自我调节、自我引导的技巧一样，其目的不在于解决深层次的心理问题、创伤或负面情感：它们只是为客户提供了"自我发现"的方法，这些方法易上手、不会造成痛苦而且能快速见效。总之，这些"自我发现"的办法只关注积极的经历、视角和回忆。阿历克斯·林利、大卫·伯恩斯等积极心理学家强调，"个人优势评估问卷中提出的问题，无一例外都是为了鼓励填写问卷者说出自己那些最闪光的经历、最强烈的快乐、最伟大的成就、内心深处的身份认知还有那些自我感觉最良好的时刻"[263]。那些过分关注自己负面心理的人会缺乏注意力，也会在工作中较少投入。非常幸运的是，诸如个人优势评估问卷此类工具向客户承诺：只需接受几次治疗，便可深得自我发现之法，将自我反思内化为健康习惯（"帮助客户养成习惯做他们想要专心做的事情，并且让这种习惯成为自然"[264]）。

在教练指导、自助文学、职业咨询、商业管理咨询等专业领域，心理学家提出的建议主要在于如何把真才实干所具有的象征价值转化为强大的情感资产和经济资产。然而，如果说这些领域的专家们依赖于积极心理学的术语和工具，那么他们仅仅是对真诚性的功能进行了简明的界定：在这种语境下，真诚性只是自我提升、自我价值证明的一种有效形式，此外真诚性应该有助于打造"个人品牌"。"个人品牌"这个概念尤其在过去几年中占领了很多报纸、杂志、网站和培训项目的核心位置。丹尼尔·莱赫和凯蒂·沙利文等研究人员对其发展过程及社会影响进行了深入细致的批判分析。他们认为，个人品牌推广不仅仅是员工面对经济环境动荡不安、职场个人主义愈演愈烈、责任分散、竞争激烈等状况时，为走出困境所采取的简单而必要的职业策略。前文已着重讨论过责任个人化过程，即员工逐渐开始深信自己有义务分担企业所遇到的困难，而个人品牌正是该过程的重要表征。个人主义愈演愈烈、责任分化蔚然成风的新职场因此拥有了名正言顺的地位，它与新自由主义意识形态及其所宣扬的"自助者必成功"神话完美契合[265]。

打造个人品牌即自我推销，是将真诚性商品化的典型表现。它被定义为通过突出自我价值来提高成功概率及被雇用概率的艺术，结合了自我提升和真诚性两个概念来更好地"包装"个人，更准确地说，是更好地帮助个人实现"自我包装"，这个过程光明正大，无须遮遮掩掩。通过将个人变成品牌，个人品牌推广要求个体明确自己有何与众不同，又因何不可或缺，自己的独特优势和内在美德是什么，哪些个人价值可以触动他人，要运用何种策略来更高效地进行自我营销。明确了上述个人特质之后，个体将会学习自我表达与说服他人的技巧，这些技巧能让个体在试图影响他人或"管理"人际关系时游刃有余。无须多言，形形色色的商业杂志、互联网站和虚拟平台上，无数的教练和顾问纷纷宣传他们的服务，即如何通过有效的市场营销手段和对个人真实能力的开发，协助客户（尤其是在社交媒体上）成功树立个人品牌。

▶▷ 真诚性的 2.0 版本

在《幸福效应》一书中，唐娜·弗雷塔斯深刻地分析了幸福的意识对年青一代尤其是对青少年的影响，他们深刻赞同"人必须竭尽所能变得幸福"的观点；除此之外，作者还考察了社交网络在其中起到的决定性作用：

> 我所选取作为研究对象的中学和大学，在地域、种族、社会经济、宗教、文明程度等方面都体现出了极强的多元性。然而，所有这些学校中的学生们无一例外，都同样遭受由社交网络带来的一个巨大困扰：要显得幸福。不是单纯的幸福。其实有很多学生告诉我，他们认为，自己在别人眼中必须要看上去非常幸福、神采飞扬，甚至是容光焕发、振奋激昂。这种话我在美国最负盛誉的私立学校听过，在籍籍无名的学校也听过。这种言论背后反映的是一种普遍存在的强制性要求，任何社会群体无一幸免地受到影响。[……] 学生们明白，如果表现出悲伤或者脆弱会招致沉默、排斥，更甚者会遭遇霸凌。因此在社交网络中显得幸福异常重要，即便是郁郁寡欢的时候，即便是受尽孤独折磨的时候，也必须显得幸福，几乎所有和我交谈过的学生都或多或少谈及了这个问题，他们中甚至有不少人从头

到尾都没有离开这一话题[266]。

　　芭芭拉·埃伦赖希早在十年前就曾指出幸福已成为强制性要求[267]，如今的社交网络似乎依然成为强制传播幸福概念的理想媒介，从出生开始就完全浸在数字世界中的年轻人显然是最主要的受众群体。因此，作为社交网络中的成员，他们必须展现自己的积极形象，这些形象理所当然被认为是真实的。如果有谁不符合幸福的强制要求、不能或不想这样去做、不抹掉自我形象中的消极痕迹，就等同于给自己判了重刑，随后陷入对自身价值的深度怀疑中。通过唐娜·弗雷塔斯的访谈，可以看到许多人对"要显得幸福"心怀执念，"甚至已经到了极端病态的程度"[268]。随后弗雷塔斯针对884名学生开展了问卷调查，73%的学生承认，"无论我的真实精神状态如何，我总是试图表现出很幸福/积极的样子"。弗雷塔斯认为，年青一代之所以将幸福内化为强制需求，是因为他们将自我形象视作可商品化、可变现的商标。79%的受访学生承认，"我知道我的名字是个商标，需要我用心经营"。另一位受访者补充说道，"我认为，社交网络是进行自我营销的完美平台。[……] 我要以自己最好的状态出现在那里"[269]。

　　YouTube上的网络红人们更是将这种信念发挥到了极致。在YouTube上传视频的网络红人也被叫作vlogger，他们正身体力行地向世人展示如何充分利用名字的价值，将其包装成供上百万人消费的商标。这些低成本的小视频通常在卧室就可以完成拍摄，无论视频的主题是什么，日常生活、化妆技巧甚至电子游戏试玩体验，网络红人们首先就是在推销他们的名字，更确切地说是他们是谁：他们的声音、相貌、身形。展示自己的生活将之商品化从而换取可观的广告收益，这便是整个"YouTube经济"的逻辑基础。在这种情况下，经营真诚、独特、激励人心的自我形象就十分重要了。这就是为什么积极治疗文化从此也成为这个世界级产业的组成部分。"心理学vlog"这个新兴市场每天都在吸引越来越多的订阅者，也汇聚了越来越多的vlogger，他们通过视频分享自己生活中遇到的难题以及自己选择更为积极的视角来克服困难的经历，并从中获利。

颇有趣味的是，甚至"不真诚"都可以成为带来巨大利润的真诚品牌。比如网络红人PewDiePie，本名菲利克斯·谢尔贝里，是个29岁的瑞典小伙子，他在YouTube上传视频，以拍摄游戏游玩（Let's Play）与评论影片闻名，后来主要集中上传特定题材的喜剧影片。他的订阅者已经超过了9500万，视频浏览量达200亿次，年收入高达1500万美元。PewDiePie现在有了自己的视频制作公司。"不要做你自己，做一个披萨吧，因为所有人都喜欢披萨。"是PewDiePie的"至理名言"，恰恰讽刺了现代社会对真诚性的要求。因为这句话太受欢迎，PewDiePie趁势将自己的知名语录集结成册，书名叫作《这本书爱着你》，这是一本"配有精美插图、能帮助你过得更好的启示语录"合集，很快就成了畅销书。毫无疑问，PewDiePie营销的是他自己：他营销的是包装成品牌的名字，是他看上去真诚而独特的人格与世界观。的确，真诚远比缺乏真诚更好销售，尽管PewDiePie的真诚意味着他把对真诚的讽刺塑造成了个人品牌。

▶▷　充分发展吧!

2005年，塞利格曼有了另外一次"灵光乍现"，不过这次不是在自家花园中，而是在宾夕法尼亚大学（宾夕法尼亚大学是积极心理学家的主要活动阵地）的应用积极心理学课堂上。作为授课教师的塞利格曼与一位优秀的女大学生进行了交谈，正是这段短暂的谈话令他茅塞顿开：心理学家在研究人类幸福的理论时（2002年他在《真实的幸福》中曾为这一理论做过铺垫），忽视了幸福不可或缺的重要组成部分——个人充分发展。2003年，美国心理学会出版了《充分发展：积极心理学与圆满的人生》，这是首部专门研究个人充分发展的指南，由两位非常重要的积极心理学家科瑞·凯耶斯和乔纳森·海伊特合作完成，塞利格曼在为此书作序的过程中，逐渐有了关于这个概念的更为成熟的想法。[270]

个人的充分发展在塞利格曼眼中之所以如此重要，是因为这一概念紧紧把握住了幸福与个人成功之间的紧密关系。[271]塞利格曼认为，某些成功的确可以带来快乐和满足感，但是只有一种成功能让个体获得真正的幸福感，即通过提升个人的真实能力而收获的成功。他强调只有在这种情况下，个体才能真正地体验到个人发展的真实情感；而在其他情况下，个体可能会误将愉悦感当成幸福。[272]

从这个意义上来说，个人发展的概念让积极心理学与幸福经济学区分开来，后者通常从功利主义和享乐主义的角度来看待幸福。另外，积极心理学将幸福定义为不言而喻的财富，有批评指出如此定义具有强烈的意识形态及套套逻辑[1]色彩，而个人发展的概念则能让积极心理学有力回击。尽管莱亚德等幸福经济学家坚称：不需要任何证明，幸福本就是最合理的普世目标；塞利格曼的第二次灵光闪现则让积极心理学家能够对此作出合理解释：正是因为找寻幸福能帮助个人开发出自身最大潜能、达到最佳状态，所以有些人会比其他人更加健康也更加成功[273]。然而这套说辞中的意识形态和套套逻辑似乎与幸福经济学家所言相差无几……，幸福之所以美好，不是因为它在于寻找快乐，而是在于个人的努力自我提升。

塞利格曼认为，"度量幸福的标尺是个人发展，而积极心理

---

[1]　套套逻辑也可叫作"同义反复"或"重言式"，指的是一些理论在任何情况下都不可能是错的。这种逻辑的内容很空洞，半点解释能力也没有。

学的目标就是促进个人发展"[274]。相当多的科学研究结果显示，与其他人相比，真正实现了个人充分发展的人身心更加健康且生产力更高，他们婚姻美满、友情诚挚，能够更有效地解决困难处境，抑郁风险也更低[275]。人不是因为成功才会幸福，而是因为充分发展才能走向成功并收获幸福——这就是积极心理学的原则。个人充分发展还能解释为什么一些国家要比其他国家更加发达，更加先进。塞利格曼认为，丹麦之所以是世界上最幸福的国家，是因为它33%的国民相信幸福是等同于个人充分发展的，而在俄罗斯，认为实现个人充分发展的国民只有6%，所以它在幸福榜单上排名靠后也就不足为奇了。[276]换句话说，国民充分发展促进了国家的发展，而不是国家发展促进了国民充分发展。

"持续的个人充分发展"是积极心理学话语的根本点，后者将前者定义为无休止的过程，只有持续保持充分发展的状态，才能使个人和社会受益。如果说个人充分发展是定义幸福个体的关键，那不仅仅是因为其包含并印证了比如自我引导、思想和情绪调节、真诚性（优势与美德）等其他概念，更是因为其完美诠释了幸福是一种基于持续自我提升的追求。我们将会发现"持续的个人充分发展"与先进资本主义社会中的某些特征遥相呼应，比如不可满足性；另外，它与新自由主义的立场也不谋而合：个人自由首先应该体现为个体具有自我提升的自由。

▶▷ 新型"恐惧幸福者"：不停自我塑造、自我诊断的个体

正如我们在本章开始所言，自我在追寻由幸福学导演的幸福时，表现出了双重性：他们尽全力去符合自己心中的理想形象，然而却不能摆脱自己根本上的不足感；因此，他们难以逃脱一种"自我实现失败"的永久状态，他们始终会觉得对自我的管理并不足够，对自己没有清晰的认识，不能赋予生命更多的意义，在生活中也不够积极、不够顽强。从这个意义上讲，即使个体如何努力进行自我塑造，也永远无法企及理想中的完美状态，这并不会让我们感到奇怪，毕竟幸福学假设自我总是可以提升的。

这里有个严重悖论：幸福学的首要目标是要塑造充分发展的个体，然而幸福学又是以根本永久的不足感定义自我的。这种根本上的不足感是"个人充分发展"的一个关键所在：正是不足感给予了个体向前发展的动力，帮助他表现得更好；简言之，是不足感让个体积极运转了起来。不论个人生活多么成功，真正幸福的人，总是那些不断努力自我塑造、自我完善的人，当然这个过程中幸福学家的帮助必不可少。这一悖论可以用来解释为什么幸福可以如此轻而易举地成为绝佳的无价商品，因为无休止自我完善的新自由主义理想与无休止消费的新市场经济原则简直完

美契合。[277]于是，个人充分发展顺理成章地成为幸福产业中最重要的部分，而填补"不足"则是司空见惯的推销理由。不论是容貌、运动、友情、职场人际关系，还是认知灵活性、压力应对、自我肯定，所有产品暗含的理念都是：人总会有某个缺陷需要弥补或是总有某种品质需要提升，这恰恰需要新产品或新服务来实现。不想自我提升是心理缺陷的信号。因为总有旧的陋习急需改掉、新的饮食计划有待实践、新的自我评估与自我调节方法有待尝试、新的健康习惯有待培养、新的目标有待达成、新的经历有待书写、新的需求有待满足、新的时间安排有待优化。正如卡尔·西大斯托姆和安德烈·斯派塞指出，没有人是足够全能、健康或是幸福的：

> 为何"自我提升"能够日益占据霸权地位？唯一合理的解释便是：无论之前的尝试成功与否，消费者总会越发感知自己需要去尝试新方法、新建议。[……]身处消费社会，没有谁会为了一条牛仔裤而获得永久的满足感。这个道理同样适用于自我提升：一次自我提升并不能一劳永逸。我们要全方位不断提升自我，要时时刻刻都朝着状态更佳、气色更好、更幸福、更健康、更平静、更多产的方向发展，而且就从今天开始！我们必须知道如何过完美的生活，也必须绝对肯定完美生活之道。[278]

我们承认两位作者的观点不无道理，然而当今社会似乎并不是在强调个人完美的必要性，而是意图把对自我提升的这种执念正常化。毫无疑问，幸福产业新的利益点在于制造新型的"恐惧幸福者"[279]，这些幸福产业的新兴消费者深信：最实用的也最正常的生活方式在于不断发掘自我，在于时刻思索纠正自身心理缺陷，从而实现持续的自我改造与自我提升。

►▷　成为无数可能中那个最好的自己

《最佳可能自我》是肯农·谢尔顿和索尼亚·柳博米尔斯基于2006年为公众制定的一套练习，它在许多自助题材作品、教练课程以及Happify等网络平台中一直备受推崇。当然《最佳可能自我》练习也被收录在积极心理学工具箱之中，顾名思义，这个注册网站提供一系列完整的练习、活动、命令、建议，以及"教人如何养成积极习惯"的实践"卡片"[280]。相关专业人士只需每月缴纳24美元的注册费用，便可随心所欲使用工具箱中的法宝来为客户更好地献计献策了。《最佳可能自我》练习每小节15分钟，练习会循序渐进地引导个体想象并描述最佳版本的自己是什么样子。用户总会得到这样的鼓励："想象无数可能中最好的自己，就是在最好的心理条件下想象未来的自己。[……]想象自己的梦想都已经实现，想象自己已经发挥出了最大潜能。"[281]谢尔顿和柳博米尔斯基断言《最佳可能自我》可以极大地提升幸福感，因为"它使人们有机会了解自己、明确人生的优先事项并重新作出合理调整、更好地体会自己的动力和情绪"[282]。描述无数可能中最好的自己不仅能帮助个体展望未来、制定并最终达成目标，而且还能让他们意识到自己的缺陷和不足，并以心目中完美的自我形象为标尺加以改善。不过，为了避免被负面的自我评价和过于严厉的自我批评所束缚，不过分沉溺于过去很重要。柳博米尔斯基不仅提供大量数据来证明《最佳可能自我》是可使人"获得长期情感利益"的"了不起的方法"[283]，此外她还引证了体验者莫莉的例子：《最佳可能自我》帮助莫莉"认识到"自己"还能做更多"来实现目标，只要"些许努力"和"一点坚持"就能让她"过上自己想要的美好生活"。柳博米尔斯基还补充道：

> 莫莉的例子证明"最佳可能自我"策略成效显著。她更加明确了自己的目标和需求，也明白了什么能让自己幸福；她收获了自信，尤其是开始相信自己有能力获得自己想要的东西。她知道今后应该如何付出恰如其分的努力，以便实现自己的梦想、成为一个更加幸福的人。[284]

这里有很多值得商榷的地方。首当其冲的便是这些积极心理学练习的极简性。一边是过分简单几近于幼稚的心理练习，一边是积极心理学家再三强调个人充分发展与自我提升如何重要，这之间的巨大鸿沟很难不叫人瞠目结舌。一个平淡无奇的15分钟练习，难道就可以显著地提升自我？事实上，这些练习远不具备科学方法必要的严谨性，它们的形式化外表下其实只是简单的常识（比如，认清目标能使人找到实现目标的更好方式）……然而这些练习能成为完美商品，恰恰要归功于其极简性，因为我们不止一次得到保证：几乎不需要付出任何努力，用户就能在心理和情感方面收获立竿见影的显著回报。这些"自我技术"[285]（technologies of the self）避免复杂化，体现了折中主义，它们以极其肤浅的方式借鉴了新时代运动的文化观、谈话治疗法、斯多葛主义[1]以及人文主义的文化观。在这里生产和销售的商品无非是一种表述行为的叙述过程，在这个叙述过程中，个体通过讲述自身经历完成人生经历重组。

这些方法的过度简单化让我们十分怀疑它们的有效性。尽管存在种种批评的声音，积极心理学家仍坚持认为这些方法能带来积极效果，并声称他们可以为此提供证明。米丽娅姆·蒙格兰和特蕾西·安塞尔莫—马修等研究人员决定通过实验来一探真伪，他们将受试者分为三组：第一组是实验组，实验者做积极心理学

---

[1]　斯多葛主义（stoicism）以伦理学为重心，秉持泛神物质一元论，强调神、自然与人为一体，"神"是宇宙灵魂和智慧，其理性渗透整个宇宙。个体小"我"必须依照自然而生活，爱人如己，融合于整个大自然。斯多葛学派认为每个人与宇宙一样，只不过人是宇宙缩影。

的练习；第二组是对照组，受试者不用做积极心理学练习；另外一组称为"积极安慰剂"[1]，用来"核实积极心理学练习是否能够带来除了积极自我表象之外的任何其他效果"[286]。实验得出结论，比起"积极安慰剂"组，第一组的积极心理学实验并没有达成更显著的效果。研究人员认为这一结果的原因如下：如果说某些积极心理学练习能够起作用，那主要是因为进行练习的人所持有的人生逻辑与积极心理学不谋而合，这些人往往具备强大的动机，也比其他人更渴望幸福。因此，对于这些已经笃信此方的"幸福追寻者"来说，积极心理学方法自然显得尤其有用。

另一种解释很可能在于这些练习具有十分明显的归纳推理特征，前提假设是任何个体永远比不上本可能或本应该成为的那个自我。然而愿意接受积极心理练习的人，其实早已主动将这种假设视为理所当然，他们在"最佳可能自我"的框架下一字不落地遵守着谢尔顿和柳博米尔斯基的所有指令。从这个角度来看，描绘一幅理想中的完美自画像就显得极为有益了：

从现在开始直到接下来的几周时间内，请认真思考：无

---

[1]　安慰剂（placebo）是指没有药物治疗作用的片、丸、针剂。对长期服用某种药物引起不良后果的人具有替代和安慰作用。本身没有任何治疗作用。但因患者对医生信任、患者的自我暗示以及对某种药物疗效的期望等而起到镇痛或缓解症状的作用。在这一组中，两位研究人员做的是让实验者避免接触到关于自我构建的积极因素。

数可能中最好的你是什么样子？"想象最佳可能自我"，就是想象如果在一切进展无比顺利的前提下，未来的自己会是什么样子。你最初定下许多目标，孜孜以求多年终于全部得偿所愿。这就是实现梦想、发挥最大潜能。在你所设想的全部情境中，你必须辨认出通向成功的最优路径，因为它能指引你在今后做出最完美的决策。你也许从来没有进行过这样的思考，但是科学研究已经证实这种方法能够改善你的精神状态、提高你的生活满足感。这也是为什么我们希望在未来数周内，能看到你参照完美自画像继续进行思考。[287]

值得注意的是，这些假设和信仰可能会产生适得其反的作用。我们在上文中曾以个人充分发展概念为例分析过幸福意识形态是如何造成痛苦的。[288]事实上，以个人充分发展为目标的个体，将不可避免地会面临各种病理性失调的风险。[289]因为持续的个人发展只不过美好的蜃景，是无法企及的目标。强制个体去发展与提升自我，只会事与愿违：在这种强制要求下，个体往往会不堪重负，因为他们要不断进行自我评估，以总是遥不可及的目标为参考，来不停调整自己的行动、想法和情感。在这个意义上，正如追寻幸福不是走出痛苦的出路一样，我们不能把个人充分发展视为自我未实现的对立面。这些本应提升幸福感、促进自我完善的话语最终却导致了截然相反的结果：它们带来了痛苦和根本上的不满足——然而这是积极心理学本来要解决的问题。导致这种结果的原因在于：人一旦被卷入这种无休止的追逐当中，很快就会疲惫不堪，为各种执念所累，最终惨遭失望折磨。有多少代人，被告知解决自己的问题关键在于真我的成长与发展，于是为了达成这一目标而徒劳地努力着？

▶▷ **充分发展的企业家**

对积极心理学练习中存在的悖论、练习导致的最终结果及其实际有效性进行批判性质疑至关重要，弄清楚这些练习为谁而服务同样十分关键。

在第三章我们已经发现，幸福学对于普遍意义上的企业组织都大有裨益，后者力图使员工深信，在监管松懈、动荡不安、竞争激烈的经济环境和职场环境中，具备灵活性和自主性是十分必要的。因此，也就不难想见为何企业组织会纷纷欣然引入"个人充分发展"理念，个人提升为何能够提高社会流动性也随之迎刃而解了。这里有一个非常重要的意识形态色彩前提假设：承担起社会发展责任的人，往往是那些能够自我激励不断向前的人，他们并不满足于将经济活动视为实现完满人生的手段，他们努力达成自己定下的所有目标、实现所有梦想，克服千难万险最终圆满完成人生计划，然而他们在这个过程中自然而然地实现了个人经济生活的发展。[290]如今的企业争相把这个富有意识形态色彩的前提假设完全变成自己的话语，凡是能够支撑或是增加其科学合理性的，统统被收入囊中。

这种创业话语迅速遍及众多大学与商学院并被深入研究，它以惊人的方式将个人充分发展的观念与经济活动连接起来。企业家形象往往是坚持不懈、天赋谋略、敢想敢为、干劲十足的个体，他们被视为推动社会变革与经济进步的发动机——总而言之，他们是新自由主义下的完美公民。企业家对于自己的目标有十分清晰的眼界，他们会坚定地追寻目标，面对不利形势时随机应变，从错误与失败中吸取经验教训，也能够充分把握并利用出现在眼前的任何机会。

成为企业家是个人选择所决定的：任何一个人，无论他是谁，出身如何，个性如何，都可以成为企业家，并从中受益无穷。成为企业家，必将有助于提升幸福感、更加独立自主、成为高瞻远瞩的个体——至少经济学家彼得·格里尔与克里斯·霍斯特在其著作《创业：人类的充分发展》[291]中是这么说的，两位作者同时也是希望联合公司[1]的共同创始人。这也恰恰是许多专长于自助题材的作家、教练和顾问所传达的信息，他们众口一词，一致宣扬创业就是一场塑造自我的冒险，绝对值得每个人去尝试。

---

[1]　希望联合公司（HOPE International）是一家位于美国宾夕法尼亚州兰开斯特的基督教非营利组织，致力于发展以基督为中心的微型企业。

然而，尽管这种创业意识形态起源于富裕的发达国家，但是它真正无处不在的地方，却是那些失业率最低、经济最不发达的国家，然而它的宣传者们却对如此重要的社会学数据避而不谈。的确，就业市场越是不景气，个人就越是要坚定依靠自己找寻出路。根据核定指数公司[1]提供的数据，乌干达、泰国、巴西、喀麦隆、越南在"创业意识形态接受程度"统计表中名列榜首。292

但事实证明，创业意识形态往往不受对其不利的数据或论据所影响。幸福意识形态似乎也是如此。如今新自由主义与幸福继续保持着强大的伙伴关系，在此背景下，任何严肃批评在目前看来都注定会遭受冷遇甚至无视。尤其是当全社会深受积极思想影响，以致追寻幸福与实现社会地位晋升不再被视为富有意识形态色彩的强制命令，而被认为是一种再正常不过的令人向往的生活方式时，任何批评的声音就越发显得苍白无力甚至有反常态了。

---

[1]　核定指数公司（Approved Index Limited）是一家提供 B2B 产品与服务的英国公司。

| 第五章 |
幸福新标准

对"恶"转身说不，从此只生活在"善"的光辉之下，这种生活方式只要运作正常便是无与伦比的。[……]然而悲伤一旦出现，它就失去了光彩；毫无疑问的是，就算我们能完美地避开悲伤，健康的心智对于哲学理论来讲也是不够的。原因很简单：不幸是现实中不可否认的组成部分；毕竟，了解不幸很有可能是接触到生命意义的最佳途径，甚至是我们接触到最深刻真理的唯一方式。

——威廉·詹姆斯[1]

《宗教经验种种》

---

[1] 威廉·詹姆斯（William James，1842 年 1 月 11 日—1910 年 8 月 26 日），美国哲学家、心理学家。他的弟弟亨利·詹姆斯是著名作家。他和查尔斯·桑德斯·皮尔士一起建立了实用主义。威廉·詹姆斯是 19 世纪后半期的顶尖思想家，也是美国历史上最富影响力的哲学家之一，被誉为"美国心理学之父"。

"**我**实在是搞不懂"，正躺在地上做着每日负重训练的杰米说道，"你不是已经很幸福了吗？如果你真的不幸福，我倒可以理解，但事实是你很幸福啊"，他停顿了一会儿，又说，"你不是不幸福的吧？"

"我很幸福。"我确信这一点。"事实上，我倒是很乐意趁机炫耀一下新学的知识：大部分人都是幸福的——2006年的一项研究指出，84%的美国人'非常幸福'或者'比较幸福'，还有一个在45个国家中展开的问卷调查显示，从1—10对幸福程度进行打分，所有受访者的平均幸福程度为7分；从1—100对幸福程度进行打分，平均幸福程度为75分。我本人也接受了这次调查，它评估了真实的幸福体验程度，满分是5分，我的分数是3.92分。"

"既然你很幸福，为什么要参与'幸福计划'呢？"

"我现在是幸福的，但不如我想象的那么幸福。"

这段对话出自格雷琴·鲁宾[1]所著的《幸福计划》[293]一书。该书于2009年一经面世，便在长达99周的时间内稳居《纽约时报》畅销榜，甚至多次名列榜首。与丈夫杰米交谈结束几小时后，格雷琴与另一个人进行了相似的对话，然而他也不太明白为什么格雷琴明

---

[1] 美国作家，博主和演讲者。

明已经很幸福了，却还要如此固执地想要更加幸福。格雷琴的回答很好地说明了幸福与幸福学话语中带有意识形态的前提假设。格雷琴告诉她的对话者们，幸福是可以借助科学方法精确测量的，这个测量的工作过程需要个体恒久地聚焦自身。格雷琴在她的言辞中非常鲜明地融合了"通俗"话语和"科学"话语；她不厌其烦地逐行逐句复制着幸福学家提供的"剧本"。格雷琴在书中不断引用柳博米尔斯基的观点，以下这段内容截取自后者的著作，正好可以总结格雷琴与丈夫之间的对话：

> 我们所有人都想要幸福，即便我们不会大方承认，或选择用其他说辞来掩饰内心的渴望。我们梦想着获得职业上的成功、精神上的充实、与周遭世界建立更牢固的联系、找到存在于世的目的，或是收获爱情，因为我们坚信所有这些能使我们更加幸福。然而鲜有人真正思考提升幸福的具体方法，更不要谈付诸实践了。如果你认真思考借助怎样的方法才能成为更加幸福的人，甚至开始思考自己是否真的有权收获幸福（希望本书能带给你激励），那么你就会明白提升幸福感是完全可以实现的：你有权更加幸福，这是你为自己以及你身边的人所能做的最重要的事情之一。[294]

首先值得注意的是，作者是如何以其在书中塑造的角色（格雷琴）为媒介，在幸福与善意之间建立起联系的："我的生活真的很美好，我再怎么称赞也不为过。我希望自己能配得上这样的生活[……] 我抱怨得太多了，我老是发脾气。我应更常心怀感激。如果我能更加幸福，我的行为举止就会更得体。"把幸福与善意等同起来，远不是格雷琴的专利。哲学家阿兰卡·祖班齐克[1]指出，这种将二者联系在一起的方式十分典型地代表了一种无处不在的话语，这种话语试图宣扬的是一种罕见的反常"道德观"：感觉良好、幸福的人就是好人，反之就是坏人。祖班齐克认为，"这种将瞬间情感、瞬间感受与道德价值联系在一起的做法，恰恰就是当代幸福话语意识形态的最大特点"295。

其次，鲁宾的作品向我们揭示了幸福的意识形态已经渗透到人们日常生活的方方面面。从这个意义来讲，我们并不应该像对待许多其他书那样，草率地把这本书当作幸福教科书或是幸福学颂词来读，因为在这本书中，我们能够看到一种新时代精神[2]的征兆。如今幸福缺失已成为机能不良的代名词，而幸福则成了判断生活是否健康、正常、运作良好的终极心理学标准。甚至可以说，幸福话语逐渐变成了充满功用性的话语：从此幸福成了标准，幸福的个体成了标准的范型。

---

[1] 阿兰卡·祖班齐克（Alenka Zupančič）是斯洛文尼亚的精神分析理论家和哲学家。
[2] 时代精神（Zeitgeist），也可译为"时代思潮"，德语意为"时间"（zeit，对应英语"time"）、"精神"（geist，对应英语"spirit"），指在一个国家或者一个群体内在一定的时代环境中的文化、学术、科学、精神和政治方面的总趋势以及一个时代的氛围、道德、社会环境方向以及思潮。

►▷ 重新审视"普通人"

积极心理学家的全方位计划不仅仅在于创造新的概念并且赋予其科学的光环：他们试图建立积极人格理论，用来解决与功用性相关的问题。2001年，肯农·谢尔顿与劳拉·金在一篇名为《积极心理学必要性之原因》的文章中提出，幸福学作为一门新兴科学，企图通过思考"高效运转的人所具有的本质是什么"来"重新审视普通人"[296]，也就是说，积极心理学家要重新确定心理健康、适应环境能力强的个体标准。

不过，这种观点已是老生常谈了。20世纪50年代，玛丽·佳欧达[1]就已经主张，讨论社会是否病态没有意义，因为积极心理健康是个体的问题，更确切地说，它只关乎人类的心智。[297]积极心理学家把佳欧达的观点推向了极致：做得好、感觉好还不够，重要的是要不停自省如何做得更好、感觉更好（任何其他的生活态度都是消沉的同义词）。做得不够好、感觉不够好成了预示缺陷与失调的信号。幸福，并不是简单地意味着不消沉；健康，并不是简单地意味着没有疾病；正常，并不是简单地意味着好与坏、积极与消极之间的平衡。恰恰相反，只有当积极性在情感与认知

---

[1] 玛丽·佳欧达（Marie Jahoda）是奥地利的社会心理学家。

的双重层面上完全取代消极性时，心理才能够实现真正的平衡以及良好的运作。

让我们惊讶的是，积极心理学将积极性与功能性联系在了一起。积极心理学家以一条明确的界限将他们所认定的积极情绪与消极情绪区分开来，这一界限伸至所有思想、态度、习惯、个人品质的划分，积极心理学声称积极情绪与消极情绪是两种独立的心理学实体，它们对人的行为举止（积极心理学认为行为举止分为正常和失调）起着完全相反的作用，会带来截然不同的效果。积极情绪可以塑造更好的公民、高效的员工、深情的伴侣，坚韧、健康、蓬勃发展的个体；而嫉妒、憎恨、焦虑、愤怒、悲痛、无聊或者伤感这一类情绪则会妨碍人们强健心灵、养成健康习惯、构建稳固的身份、形成合理的社会关系。从这一角度考虑，功能性并非心理与情绪的平衡，而是积极性完全取代消极性。[298]

最后，积极心理学家成功建立起新的"情绪等级"[299]，这个坐标系以人类心智和社会作为横纵轴，通过众多的情绪坐标点将二者联系起来并将它们分门别类。如果说"传统"临床心理学曾构建过将心理健康与心理疾病对立起来的分类集，那么积极心理学所引入的则是用来区分完全心理健康与不完全心理健康的新范式。根据新的研究方法，若个体表现出轻度心理疾病症状，但其情绪总体处于负平衡状态（即消极情绪多于积极情绪），则该个体就会被诊断为不完全心理健康。只有表现出高程度积极性且没有任何（或只有轻微）心理疾病症状的个体，才是拥有完全心理健康的个体。乐观、希望、自尊与快乐都是完全心理健康的表现，而悲观、不安全感与不满足感则是不完全心理健康的表现。我们可以拭目以待，因为积极心理学家们殚精竭虑，正在努力确定究竟哪些才是能使个人良好运作所必需的心理特征，以便更得心应手地帮助我们最终实现完全心理健康。

在积极心理学家们展开行动之前，芭芭拉·海尔德等批评者指出，这种做法的基石是"积极本身是好的，而且对你也是好的；消极本身是不好的，而且对你也是不好的"[300]。事实上，在积极心理学家眼中，只有旨在增加个人幸福感的行为才具有功能性和适应性；相反，那些无助于获得幸福甚至会导致幸福感降低的情绪、想法和态度，则会被认为是不健康和不具备适应性的。塞利格曼自2002年以来也曾表示过：消极的认知和情绪状态解释了为什么"悲观主义者在许多方面最终都会失败"[301]。塞利格曼声称，与消极性恰恰相反，积极性总是有益的，即使这意味着"也许需要以少一点现实为代价"[302]。然而有些心理学家却不以为然，甚至将其称为"重大的错误"[303]，他们表示很担心这种看待问题的视角会促使人们"从根本上认为任何消极情绪都是有问题的"[304]。然而，这个二分法的观念仍然传播开来并日益牢固了。

芭芭拉·弗雷德里克森的研究成果，尤其是非常著名的关于积极情绪的扩展与建构理论，正是上述二分法观念的完美体现，2000年，弗雷德里克森凭借这一成果获得了邓普顿奖[1]305。弗雷德里克森认为，区分积极情绪与消极情绪最关键的一个因素，就是二者各自扮演的角色截然不同。与消极情绪不同，积极情绪促进了人们的认知过程，从而帮助他们拓宽看待世界的视野，更好地理解周围的环境。另外，积极情绪让人们"生产源源不断的有效个人资源"，包括认知能力（对环境的认知与把握）、前瞻力（制定人生目标的能力）、乐观（不气馁、对未来抱有希望的能力）、心理韧性、自我接受、积极关系以及健康的体魄等。积极情绪最终会起到有建设性的效果，"使人在生活中大步前行，收获满满的成功"306。因此，懂得如何利用积极情绪"扩展与建构效应"的人，必然是"如花般盛放的"人——是"心理层面十分健康""个人效用发挥到极致"307的人。这一理论的核心思想在于，幸福之人不是"诸事顺利才感觉良好"，而是"感觉良好所以诸事顺利"308。

弗雷德里克森还断言，如果说消极情绪是进化的产物，换言之是为保证物种延续而出现的，那么积极情绪就是对人类发展

---

[1]　邓普顿奖（Templeton Prize）是由已故的约翰·邓普顿创办的基金会于1972年设立，2001年以前称为宗教促进奖（Progress in religion）。该奖项旨在鼓励研究者探索"生命最重大的问题"，奖励为灵性的发展而做出贡献的人。

起到作用的、经历自然选择的过程后保留下来的产物。[309]因此，积极情绪与消极情绪之间存在固有的不兼容性以及不对称性，体现在各个方面（生理、心理、社会等）。在弗雷德里克森看来，二者之所以完全不可兼容，是因为积极情绪充当了"减震器"的角色，能够"针对负面情绪的持续有害影响起到有效的保护作用"[310]。尽管弗雷德里克森明确表示，这些保护作用的"确切机制"尚"不为人所知"，但无论从哪一方面来看，其有效性都是毋庸置疑的。[311]例如，具有坚韧品质的人便"深谙如何利用积极情绪及其保护作用"。此外，弗雷德里克森还指出，积极情绪与适应性行为之间存在直接因果关系，具有坚韧品质的人就是完美例证，因为积极情绪"构建韧性，而不仅仅是韧性的反映"[312]。

弗雷德里克森认为，积极情绪与消极情绪之间之所以存在完全的不对称性，这种不对称性体现在"消极情绪靠强度压制积极情绪，而积极情绪靠频率制约消极情绪"[313]，要想让积极情绪充分发挥其预防、保护作用，即扩展与构建的作用，积极情绪与消极情绪的比率至少应该达到2.9∶1。[314]弗雷德里克森进一步指出，"在成功的婚姻中，这个比率大约是5∶1；而在每况愈下直至最终失败的婚姻中，大约是1∶1[315]"。比率越高，积极情绪的频率就越高，而积极情绪产生的"上升螺旋线"可以抵制消极情绪带来的"下降螺旋线"，同时还能增加个体的功能资源，如认识资源（比如正念，或对现状的充分认识）、心理资源（对环境的掌控力）、社会资源（与他人保持积极关系的能力）、体能资源（几乎或完全没有任何疾病症状）。[316]尽管弗雷德克森小心翼翼地指出，积极情绪比率过高（她认为11∶1是临界值）可能会造成些许危害[317]，但其他积极心理学家通常认为，即使这个比率再高，哪怕幸福程度与积极情绪频率都非常高，也不会出现任何功能失调的现象[318]。

　　由芭芭拉·弗雷德里克森与马歇尔·洛萨达共同提出的"积极率"概念，被认为是心理学引以为豪的"伟大发现"[319]，一度激起广泛热情；然而时至2003年，在经受尼古拉斯·布朗、艾伦·索卡以及哈里斯·傅利曼三人的口诛笔伐之后，它便日薄西山风光不再了。布朗及两位同事在文章中仔细研究了积极率的理论基础与方法论基础，尤其是用于计算的微分方程式。弗雷德里克森声称，这些方程式确定了"保证积极情绪的作用得以完全实现的最低临界值"[320]，然而她此番言论却适得其反，更加有力地证实了"积极率最低临界值是2.9013毫无依据可言"[321]。布朗等表示"极度震惊"，因为在此之前竟然从未有人对此积极率算法的逻辑提出过质疑：

　　　　通过在实验室中观察多个8人组商业团队为期1小时的会议情况，并煞有介事地参考洛伦兹方程对从会议过程中收集到的口头陈述进行分析，弗雷德里克森和洛萨达便在2005年声称，他们最终发现了关于人类情感的普遍真理，它适用于个人、夫妻以及由任意人数构成的群体。[……] 迄今为止，似乎还没有任何研究人员对这个结论或它的推理过程提出过质疑，这着实令人震惊。[322]

弗雷德里克森本人也不得不承认这种批评的合理性。在对上述文章的回应中，弗雷德里克森坦言，"[她]自己与洛萨达[曾经]为了呈现和试验临界值概念而采用的数学模型现在确实需要重新考量了"[323]，但是，"去除糟粕的同时把精华也扔掉是不明智的"，因为积极率的理论基础"不仅仅本身无可置疑，而且可以用事实说话"[324]。即使计算积极率的数学模型出了问题，积极情绪/消极情绪的比率越高越好这个结论总是没错的。要想理解并维持"人类最佳运作状态"也是同理："我们可以肯定的是，心理健康与积极率呈正相关这种观点从未受到质疑"。[325]

▶▷ 不合理的分类

用来确定上述积极率的数学计算完全似是而非，而积极心理学倡导者们对于积极情绪与消极情绪在理论与功能上的区分也同样是无稽之谈。弗雷德里克森口中无可争辩的区分方法实则颇令人生疑，其中存在很多谬误、缺陷以及遗漏之处，值得细细琢磨。太多纷繁的现象彼此交织形成各种不同的体验，而情绪正是这些复杂体验的体现，比如感觉（身体与感官的变化和感知）、评价（意识与自我评估）、表现（交际与表达模式）、历史与文化意义（某一群体对某事物共享的内涵、共同价值观以及共同叙事）、社会结构（嵌入式脚本、规范、规则、行为的社会范式）等[326]。然而，积极心理学对于情绪的范围限定却是非常狭隘的。积极心理学从自然主义研究角度出发，认为"情绪是固有的"，即情绪是一组固定的普适状态[327]。这种情绪观念完全忽略了社会与历史因素，从而剥夺了情绪的复杂性与多样性，然而这两个特征正是很多历史、心理或社会学研究所强调的[328]。积极心理学家拒绝承认：情绪不仅取决于个人，同时也取决于群体、团体与社会。如沟通、说服、认同等诸如此类，情绪不能简单地归结为人际功能，任何情绪都是对由社会等级、性别与种族所决定的[329]文化与社会表象的回应。另外，情绪与社会结构相联系——即与社会状况、权力关系相联系[330]；同样，个人情绪也在本质上与其不断变化的选择模式、消费模式相联系[331]。积极心理学同时忽略了一个事实：情绪能够让我们在道德秩序的范围内，定义并讨论社会关系以及个体对自己的看法[332]。积极心理学家选择无视能够证明幸福具有道德维度的大量研究[333]，反而采用了进化论与实证主义的视角，这一视角降低、抹去甚至是完全抛弃了个人充分发展、个人幸福以及个人成功这些概念中根深蒂固的道德部分。

事实上，无论从社会学层面还是在心理学层面，都没有理由将积极情绪与消极情绪割裂开来[334]。人生本就是由各种混杂矛盾的情感交织组成的。一位亲人长久饱受病痛折磨后撒手人寰，我们可能既悲伤，同时又为他能解脱松了口气；人在商店行窃时可能既兴奋又愧疚；看恐怖片既会带来恐惧感，也会产生愉悦感……诸如此类的情况不胜枚举。因此，将不同情绪视作具有清晰定义的独立实体或是由更为简单、基础的感觉组成的集合体，是非常不合理的。正如杰罗姆·凯根[1]强调的那样，如果说"演员、观察员以及科学家们经常需要从一堆相互排斥的概念（比如恐惧、伤心、开心、内疚、惊讶、生气等）中选择其中一个术语，然而个体的情绪体验往往是复杂的，是那些抽象术语能够准确定义的不同情绪的混杂"[335]，这种情绪混杂是连贯的、不可简化的，而不是对各种情绪的简单累加。因此，不存在任何可以被清晰定义为"幸福"的特定状态或特定体验，所有的状态与体验都是好坏与悲喜交加、积极与消极共存，既有正常也有失调的部分。

声称积极情绪能带来正面结果而消极情绪会带来负面结果，同样也难免有过于武断之嫌。仅举几例说明：希望包含了想要达成目标的渴望或目标一定会达成的信念——正是渴望和信念给予

---

[1]　杰罗姆·凯根（Jerome Kagan）是美国心理学家，发展心理学的重要先驱之一。

了人们动力与勇气，但希望也包含了对事情无法成功的恐惧[336]；喜悦让我们敢于挑战有难度的任务，冒更多风险，但是喜悦也让我们在面对困难时容易打退堂鼓，做出不那么正确或墨守成规的选择[337]；宽恕有可能会缓和心情，但在特定情况中会起到反作用（比如对于不经常吵架的夫妻来说，宽恕能帮助双方和好，但是对于经常吵架的夫妻来说则是雪上加霜）[338]；发怒能让人做出毁灭性的行为，比如侮辱他人，不过发怒也可以挑战权威，让人联合起来去一起抗议不公或面对危险情况[339]；思乡之情能让人陷入消沉之中，或是让人长时间沉溺于过去，但是也能带来一种归属感，从而让人以某种方式回应这种情感，能够让思乡之人对自己进行批判性的分析，对未来进行思考，或是构建、巩固身份归属[340]；至于嫉妒，它既带来了怨恨与敌意，但也能让人为了达到目标加倍努力，而且，嫉妒通常伴有欣赏之情[341]。相反，任何情况下都情绪积极并不总是好的：对于未来抱有过分乐观的期望，可能会增加个体在面对负面事件时陷入消沉的风险[342]；另外，过分积极的人在情感上有冷漠的倾向，表现为不够关心他人，缺少移情行为与团结行为（比如，有研究人员证明，相较于忧伤型性格的个体，持续愉悦型性格的个体在独裁者博弈实验[1]中会表现得更为自私）[343]。其他一些人员也证明尽管积极情绪增加了主观移情行为，但是它也减少了客观移情行为；另外，积极情绪使个体在解释自己或他人的行为时带有更多的成见，造成更多的判断失误[344]（比如，一贯积极的个体往往会忽视客观状况因素，更容易先入为主[345]）。

幸福学家们始终坚持，相较于消极情绪，积极情绪能够更好地塑造个性、增强社会凝聚力[346]，然而这种观点根本经不起社会学与历史学视角下的分析推敲。我们在这里仅举以下三例：丹尼尔·洛德·斯梅尔[2]对于中世纪末期社会中的憎恨与杰作之间的分析[347]，杰克·巴巴莱对维多利亚时代中耻辱与社会秩序的分析[348]，以及斯宾塞·E.卡希尔对尴尬与信任的分析[349]。和爱与同情一样，嫉妒、耻辱、恐惧、生气这样的情绪对于人格塑造与社会凝聚力来说既有好的一面，也有不利的一面。尽管沮丧、憎恨、厌恶这类情绪通常被视为心理不健全发展的症状，对于社会生活绝无益处，然而这些情绪在个体社会生活中以及对集体凝聚力具有重要甚至是决

---

[1] 独裁者博弈（the dictator game）是心理学与经济学中的一种实验范式。该博弈模型由丹尼尔·卡内曼（Daniel Kahneman）及其同事首先提出并研究在独裁者博弈中，1号玩家，也就是"独裁者"，决定了如何分配给自己与给2号玩家，即受奖者的奖赏（例如现金奖励等）。"独裁者"拥有完全的决策权力，其个人意志决定了经济上的奖赏，而奖赏的接受者，除非是"独裁者"本人，则对收益结果没有任何影响力。此实验用来观察参与者的谈判方式，并评估他们的社会行为以及利他行为。
[2] 丹尼尔·洛德·斯梅尔（Daniel Lord Smail）是哈佛大学历史系教授，他的研究领域是地中海社会的历史。

定性的作用（例如，亚莉·霍奇查尔德[1]曾经强调对男性的憎恨对20世纪60年代后期女权运动的兴起起到了重要作用[350]）。憎恨帮助反对压迫、不公正、不认可——即反对任何形式的社会歧视或对个人的否定[351]。因此，像憎恨这样所谓的消极情绪，与一切政治行为以及对政治行为做出的回应在本质上密切相关，而且对于价值观与个体身份的塑造至关重要。积极心理学家们以增强社会适应性的名义，妄图将消极情绪从人的心理上抹去或是将其转化为积极情绪，他们的做法是在否认消极情绪的政治属性与社会功能。

当谈到某种情绪时，我们确实不可能先验地断言其会导致正向结果还是失调结果。但是凭借情绪提供的重要信息，我们能够了解个体如何构建其生命叙事、如何与他人相处、如何在社会环境中成长、如何忍受重压、如何把握机会、如何面对考验，也能够明确是什么因素促使不同的个体以及团体行动起来、团结起来、动员起来。难点与挑战在于，要充分把握每一种情绪的功能，以及每一种情绪反应在塑造、维持、挑战个人动力、社会动力以及文化动力中的作用，比如个体身份、社会身份、集体行为、集体幽默、共同认知、政治抗争、消费行为、民族记忆等。因此，我们应该认识到某些情绪本质上并不是消极的，它们并不一定会导致失调的行为与后果。

---

[1]　亚莉·霍奇查尔德（Arlie Russell Hochschild）是美国社会学家，目前于加利福尼亚大学柏克莱分校担任社会学教授。

面对批评与质疑，一些积极心理学家开始提出要建立"积极心理学2.0版"，他们声称使用了一种更为细致、更加辩证的新方法来研究人类幸福，这种方法不主张采用二元对立的纯粹视角在积极情绪与消极情绪之间作出泾渭分明的划分[352]。然而，无论是下定决心还是一时兴起，也无论这些改革愿望能否推动学科朝着更具思辨性的方向发展，积极心理学家的回应已然证实：积极性与消极性的二元划分早已根深蒂固于积极心理学的理论中以及无数关于人类幸福的话语中。

盲目迷恋幸福的话语如今甚嚣尘上，它强制赋予了心理学功用性这一特征，把健康、成功、自我提升与（更高程度的）积极性联系起来。积极情绪（正常情绪）与消极情绪（失调情绪）的强烈对立非但不能克服传统心理疗法中所谓的消极性问题，反倒创造了一种新型的病态化模式，这种模式对情绪进行等级划分，据此被诊断为消极的人被认为没有能力过上健康、正常的生活。

▶▷　只要坚韧顽强，无须担忧其余

在塞利格曼眼中，消极性很大程度上是习得性无助[1]的结

---

[1]　习得性无助（或称习得无助论、习得无助、习得无助感、无助学习理论，learned helplessness）为描述学习态度或心理疾患的心理学术语，主要用于实验心理学。"习得性无助"可解释为"经过某事后学习得来的"无助感，意味着一种被动的动物消极行为（也包括了人类行为），其中被动的因子占相当多数，尤其指对失败而非成功的反应。

果。在致力于发展积极心理学之前，塞利格曼主要研究的就是习得性无助，他在1972年发表于《年度医学评论》期刊上的文章《习得性无助》以及三年后发表的著作《无助：论抑郁、发展与死亡》[353]曾在学界引发巨大轰动。在我们看来，习得性无助这个概念本身就颇值得玩味，在社会再生产和社会转型背景下，在行使与分配权力的过程中、在某些组织内部实施强制策略的过程中、在用墨守成规和麻木不仁来代替创新和反抗精神的过程中，诸如无助与脆弱此类情感扮演着重要的角色，因此，"习得性无助"这个概念本可以帮助理解社会再生产和社会转型机制。遗憾的是，塞利格曼并没有继续深入探究，而是将注意力全部集中在一个明确的问题——一个在我们看来具有强烈达尔文主义色彩的问题上：他只想弄明白，为什么一些主体在面对自己的无助时拒绝就此消沉下去，而是拼命寻找出路来终结这种状态。塞利格曼认为，这是乐观主义者具备的一种能力，他将乐观主义定义为一种天生的心理能力，拥有这种能力的人不轻易屈服于困境。他认为，一些能够直面不利状况的人，不仅最终能够克服困难，而且能够从中学习，在困境中继续成长发展。在著名期刊《哈佛商业评论》[1]的专栏中，塞利格曼用实例证明了他的观点：成功是乐

---

[1]《哈佛商业评论》是自 1922 年起，由哈佛商学院集结专家、教授，针对管理事务的研究而出版的专业杂志。HBR 是一份专门提供给专业经理人及工商管理者参考的月刊，其主要读者群是产业领袖、学者、高阶管理者及管理顾问等。

观主义结出的果实，相反，失败、失业、阶级下降等则顺理成章的是糟糕的心理架构所带来的后果[354]。世界对那些努力工作的同时还面带笑容的人回报以微笑，这个规则也同样适用于动荡、脆弱、充满竞争的职场世界。让消极性转化为优势似乎不无可能，因为消极想法与情绪可以被转化、"被积极化"，进而助力个人充分发展。如此看来，消极性的确能够让人受益匪浅。我们在上一章已经看到，塞利格曼与他的同事们曾表示，他们可以为此类操作提供合适的理论框架与必要的心理学方法。

心理韧性这个概念在此至关重要。积极心理学家认为，有韧性的人之所以能够充分发展，是因为他们在心理上对或然的失败感已经免疫，他们知道如何"触底反弹"，如何将消极性转化为积极资源，充分利用好自己的积极情绪[355]："在不利情况下依然能够前行，依靠的不是运气，而是心理韧性。"[356]具有心理韧性的人在经受沉重打击（比如被辞退）之后，短时间内就会上演"触底反弹"的一幕；他们从这段考验中汲取养分，待走出阴霾时成就更加强大、更加成熟的自我。而没有心理韧性的人，则会陷入消沉之中，沉浸在对未来的恐惧里动弹不得。塞利格曼相信，经过多年的科学研究，积极心理学已经可以依靠严谨可靠的方式将后者转变为前者："我们不仅学会了如何区分愈挫愈勇的人与一蹶不振的人，我们还能改变后一种人的命运。"

然而，心理韧性的概念并不是积极心理学提出的，它甚至在该研究领域建立之前几十年就出现了。从20世纪80年代末开始，迈克尔·卢特、安·马斯顿[1]等高校研究人员开始关注能够帮助人们走出逆境、克服弊害、抚平创伤的心理机制。在学术领域之外，这个概念早已因为许多作家作品而得到普及：比如美国作家大卫·佩尔泽[2]所著《一个孩子生存下去的勇气》以及法国作家鲍里斯·西瑞尼克[3]所著《一个美妙的不幸》，都深受曾被关押在纳粹集中营的精神病学家维克多·弗兰克[4]的几部小说作品的启发。这些作品的共同之处在于，它们都对创伤经历进行了回顾，并展示了亲历人是如何成功走出梦魇笼罩的[357]。除此以外，它们无一例外都在塑造自我提升的故事，故事中的主角们不仅在悲剧之后得以幸存，更重要的是，他们在此过程中完成了蜕变，成就了更好的自己。对于积极心理学家来说，这些作品不仅证明了人在历经劫难之后完全可能重新振作起来，更为关键的是，创伤后紧接而来的是个人成长，正是反抗逆境的需要刺激了个体去改变自己、不断成长。积极心理学甚至将这个过程命名为创伤后成长，

---

[1]　安·马斯顿（Ann Masten）是明尼苏达大学儿童发展研究所的教授，她以研究弹性的发展和推进面临逆境儿童和家庭积极成果的理论而闻名。

[2]　大卫·佩尔泽（Dave Pelzer）是美国作家，出版了一些自传作品和以自助为题材的作品。

[3]　鲍里斯·西瑞尼克（Boris Cyrulnik）是法国医生，伦理学家，神经病学家和精神病学家。

[4]　维克多·弗兰克（Viktor Emil Frankl）是一位奥地利神经学家、精神病学家，维也纳第三代心理治疗学派——意义治疗与存在主义分析（existential psychoanalysis）的创办人。

它在21世纪初开始引起关注，在2006年《创伤后成长手册》[358]一书出版之后取得了稳固地位。

相比心理韧性来说，创伤后成长被认为是一个更为精确的概念，因为它专门适用于创伤事件以及事件亲历者——他们并未满足于恢复正常生活，而是追求更加圆满、更加幸福、心灵更加充实，这让他们体验到重生、体验到深层次的自我提升[359]。积极心理学家网罗各种证据旨在让人们相信：在经历创伤后，"拥有一种宗教敏感性以及一种极其积极性格的乐观之人"[360]通常比其他人更有机会经历创伤后成长。

针对这一概念的科学有效性，不少研究人员进行了批判性的质疑[361]。显而易见，创伤后成长似乎不过是给"任何杀不死你的只会让你更强大"这句俗语披上了打着科学幌子的外衣。同样一目了然的是，这个概念似乎成为完美的赚钱工具和省钱手段。在美国，相关政府部门和保险公司要向被诊断为创伤后应激障碍的患者支付数目可观的抚慰金，还不算相关诉讼所涉的法律费用。塞利格曼强调，"金钱动机可能会导致患者夸大病情，拖长患病时间"[362]。我们姑且不谈装病的情况，就算真正存在创伤后应激障碍的患者，被确诊后也可能从此丧失自尊，无法自爱，最终导致病情无法好转。因此，创伤后成长不仅对于经历创伤的人来说是件幸事，对纳税人来说更是如此。

心理韧性和创伤后成长两个概念不仅被应用于治疗领域，还逐渐被引入到了职场和部队。塞利格曼在为《哈佛商业评论》撰写的文章中对这种形势进行了分析。他提出，具有心理韧性的人才能"到达顶峰"，"企业要想成功，就应该录用这些人，并想方设法把他们留在自己的队伍中"。文中列举多家企业，它们的员工坚韧、果敢、能够把控情绪，这些成功企业便是类似言论的有力佐证。的确，心理韧性概念与吕克·博尔坦斯基和夏娃·希亚佩洛共同提出的"资本主义新精神"[363]十分契合，这种新的职场文化以灵活性为特征，要求每个人都要不断保持适应能力。[364]

我们不禁自忖，塞利格曼所推崇并实行的这种训练（锻炼个体的心理韧性），不是在将企业员工完全等同于军队士兵吗？但是，塞利格曼亲自上阵打消了这种疑虑："我们认为企业家能够从心理韧性中有所获益，尤其是在创业失败或停滞不前的情况下。通过与士兵（相当于企业中的员工）和军官（相当于经理）通力合作，我们能够打造一支强大的军队，这样的军队能把困难经历变成提升自我、提高效率的动力"[365]。自2008年起，包括芭芭拉·弗雷德里克森在内的多位积极心理学家在塞利格曼的监督下，共同主持针对美国军队开展的士兵全方位能力培训项目。这个经费预算高达1.45亿美元的项目中，种类繁多的训练内容中最知名也最常用的，是针对心理韧性与创伤后成长的模块。塞利格曼指出，这些训练能够大幅提升军人的适应能力，也有助于他们从战时创伤事件中迅速恢复元气，从而更积极地投入日常任务中[366]，另外他还坚持强调，学校和企业也可以借鉴这些训练并从中受益。

这是心理学历史与社会学研究历史中最野心勃勃也最为多金的项目之一，其参与人数理论上达到了110万。可以理解，塞利格曼作为项目的创始人，丝毫无法掩饰自己的满腔热情，他甚至表示参与本次项目完全出于自愿、不计报酬。塞利格曼认为，这一创举产生的诸多益处必须为所有人所知，也要为所有人所用，在2011年出版的《持续的幸福》一书中，塞利格曼不吝笔墨对该项目大肆褒扬，也借此机会以掺杂爱国主义的夸张口吻向美国军队致以敬意：

> 如果我没有表达对美国军队的诚挚敬意，这个章节就是不完整的。我的外祖父母当时在欧洲受到了迫害和死亡威胁，他们最终是在美利坚合众国找到了避难处，正是在这个国家，他们的子孙才有了新的可能性，才能够蓬勃发展。在我眼中，美国军队就是横亘于我和纳粹毒气室之间的坚固城墙。因此，能与军队中的军官和士兵一起生活，能够帮助他们，这就是最能给我带来满足感的使命。我在该项目中的工作完全是不计报酬的。当我与这些英雄并肩而坐时，我想到的是《圣经》中以赛亚书的第六章第八节：
>
> "我可以差遣谁呢？谁肯为我们去呢？"我说："我在

这里，请差遣我。"[367]

　　尽管塞利格曼与众多积极心理学倡导者对该项目交口称赞，称其在科学和实践中取得诸多轰动性成果，但这也阻挡不了有些人占据截然不同的立场，他们甚至认为无论是从伦理角度、理论角度还是方法论角度来看，这个项目都将是彻彻底底的失败（需要指出的是，一些与积极心理学密切相关的著述因自身立场而坦率拒绝就此发表意见[368]）。心理学伦理联盟是相对较早对该项目进行严厉谴责的主体之一。心理学伦理联盟指出，参与这个项目的军人们并不是自愿的，另外此类项目还有可能导致很多战争后遗症被忽视甚至被无视。心理学伦理联盟同样质疑该项目有悖道德伦理，因为该项目旨在把军人训练成对任何与脆弱有关的情感都免疫的人。至于项目中有关精神生活的训练模块，联盟则认为这是用来推动基督教的不恰当手段[369]。最后，联盟质疑了该项目的科学有效性，特别强调的是："该项目在设计构思上就存在许多严重缺陷，更不用提那些为了辩护其有效性而被随意篡改的数据"[370]。除此以外，许多研究人员分别指出了该项目在伦理、方法论与技术上存在的各种欠缺：原始设计存在问题，缺乏对照组和先导试验，采用未经实践证实的训练程序，因未看到显著成效便对训练内容随意进行大的调整[371]：

总之，作为该项目主要内容的心理韧性训练模块收效甚微，在某些情况下甚至毫无效果；其余的训练模块表现更为平庸。[……]伪造的数据、平庸的结果以及上述提到的各种因素都无法让人相信士兵会因此变得更加坚韧，即使亲自参与项目的士兵也对其有效性表示怀疑[372]。

在军队和企业语境下讨论和应用"心理韧性"概念时，关注其社会后果和道德影响是很有必要的。那些从被迫犯下的罪行中快速复原的、"坚韧"的士兵，比起那些因此痛苦不堪的士兵难道更值得尊敬吗？那些坚强不屈、对于职场中每日都上演的残酷现实以及企业实行的强制措施已经无动于衷的员工，比起那些因此备受折磨的员工难道更值得嘉奖吗？无论在理论层面上还是道德层面上，这些问题都是值得质疑的。

最后，心理韧性这一概念引出了社会理解与伤痛治疗这些重要问题。那些苦于自己不够坚强或是面对逆境无法保持积极态度的人怎么办？那些苦于自己不幸福或不够幸福、因此产生负罪感的人怎么办？这种关于心理韧性的说辞所提倡的难道不是因循守旧的观念吗？它的所作所为，难道不是在不动声色地为等级制度与主流意识形态正名？无论什么情况都要求人们保持积极态度，难道不是意在掩盖消极情绪所有的合理之处？难道不是意在把痛苦变成一件毫无用处甚至是可鄙的事？

▶▷　毫无用处的痛苦

　　伏尔泰的小说《老实人》中的憨第德、埃丽诺·霍奇曼·波特的小说《波丽安娜》中的年轻孤女波丽安娜、罗伯托·贝尼尼导演作品《美丽人生》中的主角圭多，这三个人物有一个共同点：尽管经历了残酷的不幸和悲剧，他们仍然相信一切都安好。没有任何事情——即使是极端贫困或者奇耻大辱——能阻止他们发现处境中积极的一面。虽然他们的例子给人以希望和抚慰，但是这样的生命叙事是存在问题的：幸福与痛苦都取决于个人选择，于是那些未能自发注意到任何境况都有积极面的人，往往被看作是自找不幸，因此所有苦果也只能由他们自己承担。

　　而所谓的幸福科学话语也传达了同样的信息，只不过不是以虚构的方式。上文中提到的几部作品、自传文学市场中以幸福为主题的传记以及积极心理学中的心理韧性概念都拥有同样的前提假设：首先，如果没有从中吸取教训，痛苦就是无用的；其次，没完没了地沉浸在痛苦中是个人的选择，因为悲剧虽然不可避免，但是个体总有找到出路的能力。积极心理学家认为，如果说过度劳累的人、消沉的人、社会边缘的人、穷人、瘾君子、病人、离群索居的人、失业者、破产者、失败者、被压迫者、悲伤之人不能过上幸福的生活，不能充分成长发展，原因很简单：他们不够努力。这种处事方式、这种关注积极情绪的方式是不是只有条件优越的人才能享有的奢侈品？对此，芭芭拉·弗雷德里克森作出了如下回答：

> 我认为每个人都可以拥有积极情绪。有研究人员对世界各地的贫民窟居民和妓女展开研究，观察他们的幸福程度与生活满意度。研究结果显示，积极情绪与物质资源之间的关系比我们以为的要小。幸福与否在于生活态度，真正重要的是面对人生的方式。与实际状况相比，艰难的生活在表面上往往会显得更糟。比如，当我们看到露宿街头的流浪汉时，自然会觉得这个人的生活十分糟糕；同样，当我们面对那些身患重病或残疾的人时，也会认为他们的生活非常可怕。但是，如果我们审视这些人的日常生活，便会观察到在某些特定情况下他们所体验的积极情感，比如当有朋友、家人相伴时他们会感觉到惬意，再比如当有什么新鲜事发生时他们会感受到兴奋，以此类推。[373]

当然，从棘手的"消极"处境中找寻积极因素、滋养积极的自我概念[1]，对于直面人生中不可避免的困境是很好的方式，只要

---

[1] 自我概念是一个人关于自我信念的总汇。一般而言，自我概念能够体现"我是谁？"这一问题的答案。

随时保持理智头脑审慎思考，这种方式本身就没有任何问题。然而当积极性成为一种专制态度时，问题就会出现：它刻板地将人们的不幸与无能怪罪于他们自己，没有任何公正可言。当幸福学宣称这种专制因拥有实证性、客观性作为支撑而适得其所之后，问题便更加严重了。人人要为自己的不幸负责的世界里，是几乎容不下怜悯和同情的[374]；人人都应该天赋能力将逆境变成机遇的世界里，也不欢迎抱怨的声音。

质疑事物的现存秩序，陌生化我们习以为常的东西，探究塑造我们身份与日常行为的过程、意义与实际情况，这些都是社会批评的基本任务[375]；描绘出各种打破常规束缚的、更加公正、令人满意的不同生活方式，也是很重要的任务。社会批评既要起到批判作用也要起到构建作用，因此带有些许乌托邦色彩的思考对于社会分析不仅是不可避免的，更是不可或缺的。读者此刻应该恍然大悟：幸福这种意识形态禁止一切。幸福学以现实原则的名义强制人们接受条条框框，然而尽管幸福学家们矢口否认，比起任何其他完善人性与社会的企图，它具有的乌托邦色彩丝毫不减。任何掌权者总是声称自己与现实为伍[376]，这不是因为他们的说法有多么正确，而是因为他们有让自己的说法看上去真实的权力。弗雷德里克森断言，无论情况如何，每个人，包括流浪汉和妓女，都能拥有积极情感和美好生活，这不是因为弗雷德里克森等科学家有权提出这种毫无根据的保守观点，而是因为他们有权力让公众接受这种观点。

积极心理学家强加给大众舆论的另一个观点是：人们创造的幸福自画像能精确地再现他们自己的模样。1906年，毕加索为美国女诗人格特鲁德·斯泰因作了一幅画像，彼时的斯泰因是个脸颊圆润的年轻女子，而画像上的女人面容消瘦、神色阴沉，与现实中的女诗人相去甚远。斯泰因说："这画一点儿都不像我。"毕加索回答说："不要担心，你最终会像她的。"毕加索的意思是，现实中的女诗人最终不会和画像上的女人长得一样，但是斯泰因从此开始有了成为画中人的责任。幸福学家几乎也做了同样的事情：他们描绘出一幅画像，把他们自己的期望与规定变成了科学的客观真理，丝毫不考虑意识形态、道德、政治或经济等因素。人们眼中的幸福，无论是在幸福学者、研究员、从业人员眼中，还是在外行人眼中，最终都与画中的幸福越来越像——而不是与幸福真实的模样相同。而这背后最主要的原因是：真实的幸福画像是不存在的。不管积极心理学家是否承认，他们不仅要绘出自己眼中幸福应该有的模样，还要规定怎样的生活是幸福的生活。

在这里，谈谈幸福学家对批判性思考的看法也不无用处。幸福学家自然而然地将批判性思考归类到"消极"行列，在他们眼中，社会批判会滋养对社会变革和政治变革的诉求，而这些诉求往往是徒劳无果的，对社会进行的批判性思考因此具有了欺骗性，要一劳永逸地摆脱它非常重要。比如，鲁特·维恩霍芬认为，科学已经能够充分证明人类存在本身就是不断向前发展的，因此批判性思考丝毫没有用处[377]。维恩霍芬表示，这种消极视角只不过是内嵌于"批判性思维与末日预言的漫长传统"[378]之中的，这个漫长传统由来已久，由社会学家和社会记者们不断维持巩固，他们"沿着马克思、弗洛伊德、涂尔干、理斯曼[1]、瑞泽尔[2]、帕特南[3]等人的足迹前行，[……]他们之所以会刻意夸大各种社会问题，是因为解决这些问题是他们安身立命的手段"[379]。维恩霍芬认为，这些学者宣扬用"消极视角"来看待现代社会，然而这种视角会阻碍人们意识到现代社会中发生的巨大进步。塞利格曼也做过类似表述："社会科学只是通过对各种制度进行调查研究，来揭示令人生活艰难甚至无法忍受的元凶"但却从未告诉我们"如何将这些糟糕状况减到最少"[380]。

就政治层面而言，这些言论十分危险，原因不仅在于这些言论对于历史的认识相当幼稚、会误导他人，更重要的是，对人类幸福这种关键问题进行严肃研究的一门学科，理所应当需要

---

[1]　大卫·理斯曼（David Riesman）是美国社会学家、律师、教育家，著有《孤独的人群》。

[2]　乔治·瑞泽尔（Georges Ritzer）是美国社会学家、作家，主要研究全球化、元理论、消费模式以及现代和后现代社会理论。

[3]　罗伯特·D. 帕特南（Robert D. Putnam）是美国政治学家，曾任教于美国密歇根大学，1979 年至今在哈佛大学肯尼迪政府学院任教，现任哈佛大学肯尼迪政府学院公共政策马尔林讲座教授 2001—2002 年担任美国政治学会主席，2013 年，被奥巴马授予美国国家人文奖章。主要研究领域为政治学、国际政治和公共政策。

在分析上具有深度。专制的积极思维唆使人们相信他们生活的世界就是最美好的，同时还阻止他们想象可能存在的、更加美好的世界。

压抑消极的情绪和想法不仅为固有的社会等级提供了存在的合理性，巩固了某些意识形态的霸权地位，还让痛苦的存在变得不合理。把低效的消极转化为高产的积极已然成为一种越发强烈的执念，以至于生气、烦恼、悲伤等被视为令人泄气的、不受欢迎的情绪，甚至如列维纳斯所言的"毫无价值"[381]。从此，未曾体验过痛苦情绪的人将痛苦视若洪水猛兽，正在承受痛苦的人更加觉得这种情绪难以承受甚至为之蒙羞。而那些过着美好生活的人心满意得，无比自豪地将这份"丰功伟绩"归于自己，他们深以为自己有资格指责别人，有资格把别人的不幸归咎于他们本身：他们没有做出"正确选择"；他们无法适应困境，不懂灵活应变，更不会扭转乾坤反败为胜。因此遭受痛苦的人不仅要承受自身情感的折磨，还要背负难以克服困境的负罪感。积极思维强制人们把悲伤、绝望视为微不足道的挫折或是稍纵即逝的阶段，只要足够努力就能让它们烟消云散。这种看法使人相信，消极能够也应该不着痕迹地从内心消失。尽管出发意图是好的，但是永远只看事物积极的一面会导致人们面对真正受苦的人时深为不解、极度冷漠，最终还会让人们掩藏起这种不解和冷漠。

哲学家威廉·詹姆斯认为，生活中总是有真的失败与真的失败者。人生中的悲剧或大或小，却无法避免，"我该怎样生活？"这样的道德问题在实际生活中往往意味着权衡取舍，因此，总有被牺牲的选择。只有心胸狭隘的人才无法看见，为了成就今天的自我、为了过上现在的生活，我们牺牲了多少种可能的自我、又放弃了多少条可能的路[382]。从不存在唯一至高无上的自我可以塑造，也从不存在唯一至高无上的人生目标要去追寻。至于幸福亦是如此。在面临道德抉择时，总要牺牲一些事情：有一部分自我值得实现，有一些价值观值得奋斗，有一些政策值得实施。伴随抉择而来的是深深植根在个人生活、社会生活、政治生活本质中无法回避的悲剧。即使是最好的幸福科学，也无法完全抹去人们生活中或小或大的牺牲所带来的不同程度的痛苦与损失。

结　论

1962年，阿根廷作家胡利奥·科塔萨尔[1]的文章《给手表上发条的指南》生动地表现了我们对时间的执念，并展示了这种执念如何将时间从我们的仆人变为驾驭我们的主人：

> 好好想想这一点：有人送给你一块手表时，其实他将你送进了充满鲜花的地狱，铐上了玫瑰的锁链，关进了空气的监狱。[……]你得到的，可不只是一个戴在你手上、跟着你闲庭信步的微型啄木鸟。[……]你得到的，是你自己的一部分，全新却脆弱而不可靠；你得到的，是你自己却不是你的

---

[1]　胡利奥·科塔萨尔（Julio Cortázar，原名 Jules Florencio Cortázar，1914 年 8 月 26 日—1984 年 2 月 12 日），阿根廷作家、学者，拉丁美洲文学代表人物之一。

身体，它通过表带与你的身体相连，就好像一个弱小无力的胳膊紧紧抓住你的手腕。你得到的，是日程表上的一件必做事：上发条，这是你为了它可以继续运转应尽的义务；你得到的，是总想着去校对时间的执念，在珠宝店的橱窗外，听到电台的播报，当时钟响起，无一例外。你得到的，是因为担心它会丢失、被偷窃、遗落在某处、摔坏带来的恐惧。你得到的，是一个品牌和它的担保：我比其他的品牌都要优秀；你得到的，是与其他手表比高下的念想。不是你得到了表，你才是礼物，是他人为庆祝手表纪念日给手表的礼物。[383]

科塔萨尔的这段文字也能帮助我们理解幸福在我们当今社会中的作用：很显然，幸福成了一种执念，它是一份令人爱恨交加的礼物。幸福，绝不是一些身着白大褂的无私科学家发现后为了解放人类而递交到他们手上的珍宝——就好像普罗米修斯为凡人从奥林匹斯山盗走的圣火。在科塔萨尔眼中，获得表的人是时间的祭品，同样，寻觅幸福的人是幸福的祭品。我们以找寻幸福为由所做的大部分事情，其实对那些自称掌握了幸福的真理并要将它传授给我们的人最有利，而不是对我们自己最有利。如今，追寻幸福已成为人们心中的牢固观念，其背后是有暴利可图的市场、产业以及侵略性和毁灭性十足的消费主义生活方式。幸福之所以成为通知我们生活的一种手段，是因为我们在执迷不悟追寻它的过程中成为奴隶。幸福没有来适应我们，适应我们的悲欢离合、我们的复杂生活、我们晦涩难懂的思想；恰恰相反，是我们在奴颜婢膝地改变自己，去迎合消费主义的逻辑，是我们认同了它隐蔽而专制的意识形态要求，是我们毫不迟疑地接受了其狭隘的、还原论的心理学假设。幸福学家在一些人心中播种了期望，因此，揭穿到这一点可能会让人们失望痛苦。但是，如果不揭穿幸福学的真实面目，不去以批判的角度看待这些问题，那就是为巨大的幸福机器打开了自由通道。

我们的确认为幸福学可以帮助一些人，它的建议和方法确实能让一些人感觉良好。我们甚至认为，从科学角度来看，幸福确实是一个值得研究的概念。但是，我们认为幸福不是一种至高无上、不证自明的珍宝，不是由本书中提到的所有"专家"声称他们发现的财富。恰恰相反，幸福是一个为企业和机构打造的功能强大的工具——它能帮助生产顺从听话的员工、军人和公民。在当今时代，顺从的表现形式是提升自我与实现自我。18—19世纪，追求幸福带有一丝造反的气息；之后，狡猾的历史将幸福变成了为现代权力服务的工具。如果幸福像幸福学家不遗余力证明得那么触手可得，我们就不需要专家帮忙接近幸福了。即使某一天掌握此领域知识的必要性不可避免，但在我们看来最好不要深陷这样一种不确定的还原论科学，它充满了意识形态的偏见，与市场和技术治国论之间密切的联系令人起疑；另外，它与企业、军队和新自由主义教育界之间的合作关系也让我们怀疑幸福学的动机是否单纯。这一切都不禁让人质疑所有那些自称掌握幸福秘密的人，我们在书中讨论了这种幸福学的理论从何而来，它们是怎样被捏造的、会起到什么作用、主要受益方是谁以及背后掩藏着什么利益。我们也看到了这些论断从前就以别的形式多次被提出，从更加本质上的角度来说，之所以要警惕幸福学家的言论，是因为尽管他们不断承诺要给我们通往幸福生活的密钥，我们却从来不知道幸福生活的关键是什么，而且未来也依然会如此。即使从积极心理学家、幸福经济学家和其他个人发展的专家的建议中确实获益的人数尚不清楚，这些专家还是从中获得了非常可观的收入，而且未来也依然会如此。

我们完全有理由相信，心理学没有所谓的秘密。诚然，我们屡屡听说心理学掌握了理解社会重大现象的关键，比如心理学可以"穿透施虐者的思想"来理解虐待的机制，"穿透成功人士的思想"来理解成功的原动力，"穿透杀人犯的思想"来理解谋杀的机制，"穿透相爱之人、信徒、恐怖分子的思想"去理解爱情、宗教、恐怖主义。同样，积极心理学家坚信，通过"进入幸福人士的大脑"，我们是可以理解幸福的。事实上，所有的心理学家，特别是积极心理学家，他们不知疲倦地重复着幸福故事，却拒不承认自己的历史，这么做可能是为了把人们的注意力从积极心理学曾经的过激行为、它的文化起源以及多年来所欠下的意识形态的债上引开吧。

积极心理学家与幸福学家的野心不仅在于描述幸福相关的概念：他们还要塑造并规定这些概念。他们所描绘的幸福人士画像与新自由主义社会中的好公民形象完美重合，这一点非常明显，我们在前文中也讨论过这一现象的原因和带来的影响。确实，社会学不可避免地会受到意识形态和经济的影响，但是这种影响在幸福学中可能是最为明显的：机构之间的联盟，幸福学与政治和市场之间的联系，这些都是明摆着的事实。

没有哪一门科学不会犯错，然而幸福学家却总是不断宣传他们"革命性的发现""坚不可摧的证据"，或是"毋庸置疑的贡献"。的确，他们的说法不完全是错误的，但是问题在于他们总是摆出说教的姿态，一本正经地用"专业"术语把常识换个说法重复一遍。尽管有大量研究提出了强有力的论点来批判幸福学的前提假设和主张，但是依然有很多人十分轻易地接受了幸福学的观点。正是因为幸福学得到了一部分缺乏批判精神的人的关注，这些"专业人士"才有底气坚持拒绝回应他们所受到的实质性批评。我们能够理解为什么有些人在面对幸福学时失去了批判的精神：在困难的日子里，人们疯狂寻找的，正是希望、力量与抚慰。然而，幸福不是希望，更加不是力量——至少不是幸福学家所描绘、规定的心理学层面上的幸福愿景，这一愿景暴露了幸福学家的还原论视角、至上主义与他们用心理学解决一切问题的主张，它无法解决我们所有的问题。对幸福的崇拜充其量只是一种起到麻痹作用的消遣，而不是治愈脆弱感、无力感和焦虑感的有效方法。因此，我们应该从幸福本身找到解决问题的方法，首先，我们应该质疑幸福学中的前提假设，因为这些假设可能会造成许多严重的后果。特里·伊格尔顿[1]认为，我们的确需要希望，但我们不需要与幸福形影相随的、不仅专制而且因循守旧、带有宗教色彩的乐观主义[384]。我们需要的希望，需要建立在批判性分析、社会公平以及非家长式作风的权力之上，在这种健康的政治体系中，社会不规定什么对我们好，能够帮助我们更好地面对困境——而不是简单粗暴地让我们避开不幸。为了做到这一点，全社会应该作为一个整体行动，因为分散的个人无法形成力量。

内心堡垒绝不是我们想度过一生的地方，我们在自己的内心里也无法实现任何重大的社会变革。我们不想活在过度关注自己的执念中，不想时时刻刻思考如何提升自我，因为我们会在自我管控、自我批评的过程中走向极端。一幅更加美好的自画像不过是幻想与伪装，追求理想的自我让我们精疲力竭，无法继续。我们拒绝成为"社会进步的前提条件是个人发展"这一假设的囚徒，我们拒绝成为科塔萨尔笔下那个最终成为时间祭品的"戴表人"，我们现在不愿意、以后也不愿意成为幸福的祭品。如果我

---

[1] 特里·伊格尔顿（Terry Eagleton），英国文学理论家、文学批评家、文化评论家、马克思主义研究者。

们情愿躲进内心堡垒，我们选择了个人主义，批判一切消极性的事物，那就是惩罚自己去永无止境地追求触不可及的目标，就是惩罚自己成为芝诺悖论[1]中永远够不着靶子的箭头，就是放弃了对社会凝聚力的构建。

在本书快要结束之时，我们认为有必要再次强调消极情感的重要特征。前文曾经提及，人民对社会变革的请愿、对现存秩序的不满往往来源于类似发怒或憎恨这样的情感。掩饰这种情绪，本质上就是在批判社会动荡背后的情感结构，是认为它给社会带来了耻辱。也许有人会反驳，我们做的工作是通过灌输一些集体意识的模糊观念，来从辛勤工作的公民身上剥夺幸福学带来的好处。另一些彻底的经验主义者则声称，幸福是我们可以在此时此地实实在在接触到的唯一有形财富。为了驳回这些论点，我们在这里要引用当时在哈佛大学任教的哲学家罗伯特·诺齐克[2]——也是一位无政府主义者——在1974年对功利主义进行的反驳[385]，诺齐克带读者体验了一次十分独特的奇思妙想：想象自己身处在一个机器中，这个机器可以根据你的要求给你提供不同的愉悦体验。住在机器中的人会相信自己永远过上了梦寐以求的生活。诺

---

[1] 芝诺悖论是古希腊哲学家芝诺（Zeno of Elea）提出的一系列关于运动的不可分性的哲学悖论。这些悖论由于被记录在亚里士多德的《物理学》一书中而为后人所知。芝诺提出这些悖论是为了支持他老师巴门尼德关于"存在"不动、是一的学说。这些悖论是芝诺反对存在运动的论证其中最著名的两个是："阿基里斯追乌龟"和"飞矢不动"。这些方法现在可以用微积分（无限）的概念解释。
[2] 罗伯特·诺齐克（英文：Robert Nozick）是美国的哲学家，也是哈佛大学的教授。

齐克提出的问题是：相比于略显平淡的真实生活，你是否更想住在机器里？鉴于幸福学的霸权地位日益上升，虚拟技术越来越发达，这一问题在今天似乎越来越现实。我们的回答与诺齐克的回答相似：对快乐和幸福的追寻，不能凌驾于现实以及对知识的追求——包括对于自我、对于周围世界的批判性思考——之上。意在控制我们主体性的幸福产业，就是诺齐克设想、赫胥黎后来用文字诠释的"体验机器"的现代版本。幸福产业不仅模糊、混淆了我们探寻塑造人生所需条件的能力，它还声称这种能力毫无用处。我们需要明确的一点是：人类生活中，具有革命意义的伦理目标是知识和正义，不是幸福。

参考文献

前言

1. Edgar Cabanas, «"Psytizens", or the Construction of Happy Individuals in Neoliberal Societies», in Eva Illouz (dir.), *Emotions as Commodities. Capitalism, Consumption and Authenticity,* Londres, Routledge, 2018, p. 173-196. (*Les Marchandises émotionnelles*, trad. de l'anglais de F. Joly, Paris, Premier Parallèle, 2019.)

2. Thomas Piketty, Emmanuel Saez et Gabriel Zucman, «Distributional National Accounts. Methods and Estimates for the United States», National Bureau of Economic Research Cambridge, document de travail nᵒ 22945, décembre 2016 <doi.org/10.3386/

w22945>.

3. Voir Eva Illouz, *Oprah Winfrey and the Glamour of Misery. An Essay on Popular Culture*, New York, Columbia University Press, 2003.

4. <margaretthatcher.org/document/104475>.

5. Voir Eva Illouz (dir.), *Les Marchandises émotionnelles*, 2019 (*N.d.T.*).

6. Barbara Ehrenreich, *Smile or Die. How Positive Thinking Fooled America and the World,* Londres, Granta Books, 2009 ; Barbara S. Held, «The Tyranny of the Positive Attitude in America: Observation and Speculation», *in Journal of Clinical Psychology,* 58.9, 2002, p. 965-991 <https://doi.org/10.1002/jclp.10093>.

7. Sam Binkley, *Happiness as Enterprise. An Essay on Neoliberal Life,* New York, Sunny Press, 2014 ; William Davies, *The Happiness Industry. How the Government and Big Business Sold Us Well-Being*, Londres et New York, Verso, 2015.

8. Carl Cederström et André Spicer, *The Wellness Syndrome,* Cambridge, Polity Press, 2015.

第一章　你的幸福专家

9. Martin E. P. Seligman, *Authentic Happiness. Using the New*

Positive Psychology to Realize Your Potential for Lasting Fulfillment,
New York, Free Press, 2002.

10.　<apa.org/about/apa/archives/apa-history.aspx>.

11.　Martin E. P. Seligman, *Authentic Happiness*, 2002.

12.　Seligman, Flourish. *A New Understanding of Happiness and Well-Being – and How to Achieve Them,* Londres, Nicholas Brealey Publishing, 2011 [Trad. fr. préfacée par Christophe André : *S'épanouir. Pour un nouvel art du bonheur et du bien-être,* Paris, Belfond, 2013, Pocket, 2016. Dans notre traduction, cependant, pour tous les extraits qui seront ici cités par les auteurs, sauf indication contraire (N.d.T.)].

13.　Seligman, *Authentic Happiness*, 2002, p. 28.

14.　Martin E. P. Seligman et Mihaly Csikszentmihalyi, « Positive Psychology. An Introduction », *American Psychologist*, 55, 2000, p. 5-14 (p. 6) <doi.org/10.1177/0022167801411002>.

15.　Seligman, *Flourish*, 2011, p. 75.

16.　Seligman et Csikszentmihalyi, « Positive Psychology. An Introduction », 2000, p. 8.

17.　Kristján Kristjánsson, « Positive Psychology and Positive Education. Old Wine in New Bottles ? », *Educational Psychologist*, 4, 2, 2012, p. 86-105 <doi.org/10.1080 /00461520.2011.610678> ; Roberto García, Edgar Cabanas et José Carlos Loredo, « La cura

mental de Phineas P. Quimby y el origen de la psicoterapia moderna»,
Revista de historia de la psicología, 36, 1, 2015, p. 135-154; Dana
Becker et Jeanne Marecek, «Positive Psychology. History in the
Remaking?», *Theory & Psychology*, 18, 5, 2008, p. 591-604 <doi.
org/10.1177/0959354308093397>; Eugene Taylor, «Positive
Psychology and Humanistic Psychology. A Reply to Seligman»,
Journal of Humanistic Psychology, 41, 2001, p. 13-29 <doi.
org/10.1177/0022167801411003>.

18. Seligman et Csikszentmihalyi, «Positive Psychology. An
Introduction», 2000, p. 13.

19. Martin E. P. Seligman et Mihaly Csikszentmihalyi, «"Positive
Psychology. An Introduction". Reply», *American Psychologist*, 56,
2001, p. 89-90 <doi.org/10.1037/0003-066X.56.1.89>.

20. Martin E. P. Seligman, *Learned Optimism. How to Change
Your Mind and Your Life,* New York, Pocket Books, 1990, p. 291.

21. Seligman et Csikszentmihalyi, «Positive Psychology. An
Introduction», 2000, p. 6.

22. *Ibid*, p. 13.

23. Seligman, *Flourish*, 2011, p. 7.

24. C. R. Snyder et al., «The Future of Positive Psychology. A
Declaration of Independence», in C.R. Snyder et S. J. Lopez (dir.),

Handbook of Positive Psychology, New York, Oxford University Press, 2002, p. 751-767 (p. 752 pour cette citation, les italiques étant dans l'original).

25. Martin E. P. Seligman, «Building Resilience», *Harvard Business Review*, avril 2011 <hbr.org/2011/04/building-resilience>.

26. Christopher Peterson et Martin E. P. Seligman, *Character Strengths and Virtues. A Handbook and Classification* [Forces et vertus du caractère. Manuel et classification], New York, Oxford University Press, 2004, p. 4.

27. *Ibid*, p. 5.

28. *Ibid*, p. 6.

29. Ryan M. Niemiec, «VIA Character Strengths. Research and Practice (The First 10 Years)», in H. H. Knoop et A. Delle Fave (dir.), *Well-Being and Cultures. Perspective from Positive Psychology*, Dordrecht et Heidelberg, Springer Netherlands, 2013, p. 11-29 <doi. org/10.1007/978-94-007-4611-4_2>.

30. Gabriel Schui et Günter Krampen, «Bibliometric Analyses on the Emergence and Present Growth of Positive Psychology», *Applied Psychology. Health and Well-Being*, 2, 1, 2010, p. 52-64 <doi. org/10.1111/j.1758-0854.2009.01022.x>; Reuben D. Rusk et Lea E. Waters, «Tracing the Size, Reach, Impact, and Breadth of Positive

Psychology», *The Journal of Positive Psychology,* 8, 3, 2013, p. 207-221 <doi.org/10.1080/17439760.2013.777766>.

31. Pierre Bourdieu, *La Distinction. Critique sociale du jugement,* Paris, Minuit, coll. «Le Sens commun», 1979 et 1982.

32. Barbara Ehrenreich, Smile or Die. *How Positive Thinking Fooled America and the World* [Souriez ou crevez. Comment la pensée positive a crétinisé l'Amérique et le monde entier], Londres, Granta Books, 2009.

33. Elaine Swan, Worked Up Selves. *Personal Development Workers, Self-Work and Therapeutic Cultures,* New York, Palgrave Macmillan, 2010, p. 4.

34. Seligman, *Flourish,* 2011, p. 1.

35. <coachfederation.org/app/uploads/2017/12/2016ICFGlobalCoachingStudy_ExecutiveSummary-2.pdf>.

36. Martin E. P. Seligman, «Coaching and Positive Psychology», *Australian Psychologist,* 42, 4, 2007, p. 266-267 (p. 266 pour cette citation).

37. Seligman, *Flourish,* 2011, p. 70.

38. *Ibid,* p. 1-2. [Nous citons ici / a traduction franais de I' ouurage sepcmouir,2013.(N.A.T)].

39. George A. Miller, «The Constitutive Problem of Psychology»,

in S. Koch et D. E. Leary (dir.), *A Century of Psychology as Science*, Washington, American Psychological Association, 1985, p. 40-59 <doi. org/10.1037/10117-021>.

40. Henry James, «The Novels of George Eliot», *The Atlantic Monthly*, 18, 1866, p. 479-492 <unz.org/Pub/AtlanticMonthly-1866oct-00479>.

41. J. C. Christopher, F. C. Richardson et B. D. Slife, «Thinking through Positive Psychology», *Theory & Psychology*, 18, 5, 2008, p. 555-561 <doi.org/10.1177/0959354308093395>; J. C. Christopher et S. Hickinbottom, «Positive Psychology, Ethnocentrism, and the Disguised Ideology of Individualism», *Theory & Psychology*, 18, 5, 2008, p.563-589<doi.org/10.1177/0959354308093396>.

42. B. D. Slife et F. C. Richardson, «Problematic Ontological Underpinnings of Positive Psychology. A Strong Relational Alternative», *Theory & Psychology,* 18, 5, 2008, p. 699-723 <doi. org/10.1177/0959354308093403>; Alistair Miller, «A Critique of Positive Psychology – or "the New Science of Happiness"», *Journal of Philosophy of Education,* 42, 2008, p. 591-608 <doi.org/10.1111/ j.1467-9752.2008.00646. x>; Richard S. Lazarus, «Author's Response. The Lazarus Manifesto for Positive Psychology and Psychology in General», *Psychological Inquiry,* 14, 2, 2003, p. 173-189 <doi.

org/10.1207/S15327965PLI1402_04>; Id., «Does the Positive Psychology Movement Have Legs?», *Psychological Inquiry*, 14, 2, 2003, p. 93-109 <doi.org/10.1207/S15327965PLI1402_02>.

43. James K. McNulty et Frank D. Fincham, «Beyond Positive Psychology? Toward a Contextual View of Psychological Processes and Well-Being»,*American Psychologist*, 67, 2, 2012, p. 101-110 <doi.org/10.1037/a0024572>; Erik Angner, «Is It Possible to Measure Happiness?», European Journal for Philosophy of Science, 3, 2, 2013, p. 221-240.

44. Myriam Mongrain et Tracy Anselmo-Matthews, «Do Positive Psychology Exercises Work? A Replication of Seligman et Al.», *Journal of Clinical Psychology,* 68, 2012, p. 382-389 <doi.org/10.1002/jclp.21839>.

45. James C. Coyne et Howard Tennen, «Positive Psychology in Cancer Care. Bad Science, Exaggerated Claims, and Unproven Medicine», *Annals of Behavioral Medicine,* 39, 1, 2010, p. 16-26 <doi.org/10.1007/s12160-009-9154-z>.

46. Marino Pérez-Álvarez, «The Science of Happiness. As Felicitous as It Is Fallacious», *Journal of Theoretical and Philosophical Psychology,* 36, 1, 2016, pp. 1-19 <doi.org/10.1037/teo0000030>; Luis Fernández-Ríos et Mercedes Novo, «Positive Pychology. Zeigeist (or

Spirit of the Times) or Ignorance (or Disinformation) of History?», *International Journal of Clinical and Health Psychology,* 12, 2, 2012, p. 333-344.

47. Ruth Whippman, «Why Governments Should Stay Out of the Happiness Business»,*Huffington Post,* 24 mars 2016 <huffingtonpost. com/ruth-whippman/why-governments-should-st_b_9534232.html>.

48. Richard Layard, «Has Social Science a Clue? What Is Happiness? Are We Getting Happier?», *in Lionel Robbins Memorial Lecture Series,* Londres, London School of Economics and Political Science, 2003 <eprints.lse.ac.uk/47425/>.

49. Id., «Happiness and Public Policy. A Challenge to the Profession», *The Economic Journal,* 116, 510, 2006, p. C24-33 <doi. org/10.1111/j.1468-0297. 2006.01073.x>.

50. Richard A. Easterlin, «Does Economic Growth Improve the Human Lot? Some Empirical Evidence», in P. A. David et M. V. Reder (dir.), *Nations and Households in Economic Growth. Essays in Honor of Moses Abramovitz,* New York, Academic Press, Inc, 1974, p. 89-125 (p. 118 pour cette citation).

51. Amos Tversky et Daniel Kahneman, «The Framing of Decisions and the Psychology of Choice», *Science* 211, 4481, 1981, p. 453-458 <doi.org/10.1126/ science.7455683>; Tversky et Kahneman,

«Judgment under Uncertainty. Heuristics and Biases», *Science* 185, 4157, 1974, p. 1124-1131 <doi.org/10.1126/science.185.4157.1124>.

　　52. Ed Diener, E. Sandvik et W. Pavot, «Happiness Is the Frequency, Not the Intensity, of Positive versus Negative Affect», in F. Strack, M. Argyle et N.Schwarz (dir.), *Subjective Well-Being. An Interdisciplinary Perspective*, Pergamon, 1991, p. 119-139 (p. 119) <doi.org/10.1007/978-90-481-2354-4_10>.

　　53. Daniel Kahneman, Ed Diener et Norbert Schwarz (dir.), *Well-Being. Foundations of Hedonic Psychology*, New York, Russell Sage Foundation, 1999.

　　54. Richard Layard et David M. Clark, *Thrive. The Power of Psychological Therapy* [S'épanouir. Le pouvoir des thérapies psychologiques fondées sur l'administration de la preuve], Londres, Penguin, 2015.

　　55. Sam Binkley, *Happiness as Enterprise. An Essay on Neoliberal Life,* New York, Sunny Press, 2014.

　　56. Naomi Klein, *La Stratégie du choc. La montée d'un capitalisme du désastre,* trad. de l'anglais (États-Unis) de L. Saint-Martin et P. Gagné, Arles, Léméac/Actes Sud, 2008.

　　57. OCDE, *OECD Guidelines on Measuring Subjective Well-Being,* Paris, OECD Publishing, 2013, p. 3 <doi.org/10.1787/9789264191655-en>.

58. Richard Layard, «Has Social Science a Clue?», 2003.

59. *Id., Happiness. Lessons from a New Science*, Londres, Allen, 2005, pp. 112-113 [*Le Prix du bonheur. Leçons d'une science nouvelle*, trad. de l'anglais de C. Jacquet, Paris, Armand Colin, 2007 (N.d.T.)]. Nous soulignons.

60. Derek Bok, *The Politics of Happiness. What Government Can Learn from the New Research on Well-Being*, Princeton, Princeton University Press, 2010, p. 204.

61. Thomas H. Davenport et D. J. Patil, «Data Scientist. The Sexiest Job of the 21st Century», *Harvard Business Review*, octobre 2012 <hbr.org/2012/10/datascientist-the-sexiest-job-of-the-21st-century/>.

62. A. D. I. Kramer, J. E. Guillory et J. T. Hancock, «Experimental Evidence of Massive-Scale Emotional Contagion through Social Networks», Proceedings of the National Academy of Sciences, 111, 24, 2014, p. 8788-8790 <doi.org/10.1073/pnas.1320040111>.

63. Sydney Lupkin, «You Consented to Facebook's Social Experiment», *ABCNews*, 30 juin 2014 <abcnews.go.com/Health/consented-facebooks-social-experiment/story?id=24368579>.

64. Robert Booth, «Facebook Reveals News Feed Experiment to Control Emotions», *The Guardian*, 30 juin 2014 <theguardian.com/

technology/2014/jun/29/ facebook-users-emotions-news-feeds>.

65. Wendy Nelson Espeland et Mitchell L. Stevens, «A Sociology of Quantification», *European Journal of Sociology,* 49, 3, 2008, pp. 401-36.

66. Richard Layard et Gus O'Donell, «How to Make Policy When Happiness Is the Goal», in J. F Halliwell, R. Layard et J. Sachs (dir.), *World Happiness Report*, New York, Sustainable Development Solutions Network, 2015, p. 76-87 (p. 77 pour cette citation).

67. Kirstie McCrum, «What Exactly Does Happiness Cost? A Mere £7.6 Million Say Britons», *Mirror*, 15 mai 2015 <mirror.co.uk/news/uk-news/what-exactly-happiness-cost-mere-5702003>.

68. *State of the American Workplace. Employee Engagement Insights for U.S. Business Leaders*, Washington, D. C., 2013.

69. Luigino Bruni et Pier Luigi Porta, «Introduction», in Bruni et Porta (dir.), *Handbook on the Economics of Happiness,* Cheltenham, Edward Elgar Publishing Limited, 2007, p. xi-xxxvii; Bruno S. Frey et Alois Stutzer, *Happiness and Economics. How the Economy and Institutions Affect Human Well-Being,* New Jersey, Princeton University Press, 2006.

70. Erik Angner, «Is It Possible to Measure Happiness?», *European Journal for Philosophy of Science,* 3, 2, 2013, p. 221-240.

71. *OECD Guidelines on Measuring Subjective Well-Being,* 2013, p. 23.

72. Norbert Schwarz et al., «The Psychology of Asking Questions», in E. de Leeuw, J. Hox et D. Dillman (dir.), *International Handbook of Survey Methodology,* New York, Taylor & Francis, 2008, p. 18-36.

73. I. Ponocny et al., «Are Most People Happy? Exploring the Meaning of Subjective Well-Being Ratings», *Journal of Happiness Studies,* 17, 6, 2015, p. 2561, p. 2635-2653 <doi.org/10.1007/s10902-015-9710-0>.

74. Alejandro Adler et Martin E. P. Seligman, «Using Wellbeing for Public Policy. Theory, Measurement, and Recommendations», *International Journal of Wellbeing,* 6, 1, 2016, p. 1-35 <org/10.5502/ijw.v6i1.429>.

75. Ibid, p. 14.

76. Piketty, *Le Capital au xxie siècle, Paris,* Seuil, 2013; Joseph Stiglitz, *Le Prix de l'inégalité,* trad. de l'anglais (États-Unis) de P. et F. Chemla, Paris, Les Liens qui libèrent, 2012.

77. Jonathan Kelley et M. D. R. Evans, «Societal Inequality and Individual Subjective Well-Being. Results from 68 Societies and over 200,000 Individuals, 1981-2008», *Social Science Research,* 62,

2017, p. 1-23, p. 33 <doi.org/10.1016/j. ssresearch.2016.04.020>(nous soulignons).

78. Ibid, p. 35. Nous soulignons.

79. Layard et O'Donell, «How to Make Policy When Happiness Is the Goal», 2015, p. 79.

80. William Davies, *The Happiness Industry. How the Government and Big Business Sold Us Well-Being,* Londres et New York, Verso, 2015.

81. Ashley Frawley, *Semiotics of Happiness. Rethorical Begginings of a Public Problem,* Londres et New York, Bloomsbury Publishing, 2015.

第二章　重燃个人主义

82. Edgar Cabanas et Eva Illouz, «The Making of a "Happy Worker". Positive Psychology in Neoliberal Organizations», in A. Pugh (dir.), *Beyond the Cubicle. Insecurity Culture and the Flexible Self,* New York, Oxford University Press, 2017, p. 25-50. Id., «Fit fürs Gluck. Positive Psychologie und ihr Einfluss auf die Identität von Arbeitskräften in neoliberalen Organisationen», *Verhaltenstherapie & Psychosoziale Praxis,* 47, 3, 2015, pp. 563-578.

83. Jason Read, «A Genealogy of Homo-Economicus.

Neoliberalism and the Production of Subjectivity», in Foucault Studies, 6, 2009, p. 25-36 ; David Harvey, *Brève Histoire du néolibéralisme,* trad. de l'anglais (États-Unis) de A. Burlaud et A. Feron, Paris, Les Prairies ordinaires, 2014.

84. Michèle Lamont, «Toward a Comparative Sociology of Valuation and Evaluation», *Annual Review of Sociology,* 38, 2012, p. 201-221 <doi.org/10.1146/annurev-soc-070308-120022>.

85. Jean Baudrillard, *La Société de consommation. Ses mythes, ses structures,* Paris, Gallimard, Folio-Essais, 1986.

86. Ulrich Beck, La Société du risque, trad. de l'allemand de L. Bernardi, Paris, Aubier, 2001, et Champs-Flammarion, 2008 ; Luc Boltanski et Ève Chiapello, *Le Nouvel Esprit du capitalisme,* Paris, Gallimard, NRF-Essais, 1999, Tel, 2011.

87. Eva Illouz, *Pourquoi l'amour fait mal. L'expérience amoureuse dans la modernité,* trad. de l'anglais de F. Joly, Paris, Seuil, 2012, Points-Essais, 2014.

88. *Id., Saving the Modern Soul. Therapy, Emotions, and the Culture of Self-Help,* Berkeley et Los Angeles, University of California Press, 2008 ; Id., Cold Intimacies. The Making of Emotional Capitalism, Cambridge, Polity Press, 2007.

89. Axel Honneth, «Organized Self-Realization. Some Paradoxes

of Individualization», *European Journal of Social Theory*, 7, 4, 2004, p. 463-78 <doi.org/10.1177/1368431004046703>.

90. Nicole Aschoff, *The New Prophets of Capitalism,* Londres, Verso, 2015, p. 87.

91. Sara Ahmed, *The Promise of Happiness. New Formations*, North Carolina, Duke University Press, 2010, p. lxiii.

92. Gilles Lipovetsky, *L'Ère du vide. Essais sur l'individualisme contemporain,* Paris, Gallimard, 1983 et Folio-Essais, 1989.

93. Michel Foucault, *Naissance de la biopolitique. Cours au Collège de France. 1978-1979,* Paris, EHESS-Gallimard-Seuil, 2004 ; Ulrich Beck et Elisabeth Beck-Gernsheim, *Individualization. Institutionalized Individualism and Its Social and Political Consequences,* Londres, SAGE Publications, 2002 ; Anthony Giddens, *Modernity and Self-Identity,* Cambridge, Polity Press, 1991 ; Martin Hartmann et Axel Honneth, «Paradoxes of Capitalism», *Constellations*, 2006 <onlinelibrary.wiley.com/doi/10.1111/j.1351-0487.2006.00439.x/full>.

94. Eduardo Crespo et José Celio Freire, «La atribución de responsabilidad. De la cognición al sujeto», Psicologia e Sociedade, 26, 2, 2014, p. 271-279.

95. Kenneth McLaughlin, «Psychologization and the Construction

of the Political Subject as Vulnerable Object», *Annual Review of Critical Psychology*, 8, 2010, p. 63-79.

96. Edgar Cabanas, «La felicidad como imperativo moral. origen y difusión del individualismo "positivo" y sus efectos en la construcción de la subjetividad», thèse de doctorat, Université autonome de Madrid, Madrid, 2013 <educacion. gob.es/teseo/mostrarRef.do?ref=1064877>.

97. Foucault, *Naissance de la biopolitique*, 2004.

98. Ehrenreich, Smile or Die, 2009; Barbara S. Held, «The Tyranny of the Positive Attitude in America. Observation and Speculation», *Journal of Clinical Psychology,* 58, 9, 2002, p. 965-991 <doi.org/10.1002/jclp.10093>; *Binkley, Happiness as Enterprise,* 2014; Davies, *The Happiness Industry,* 2015; Carl Cederström et André Spicer, The Wellness Syndrome, Cambridge, Polic Press, 2015.

99. F. C. Richardson et C. B. Guignon, «Positive Psychology and Philosophy of Social Science», *Theory & Psychology,* 18, 5, 2008, p. 605-627 <doi.org/10.1177/0959354308093398>; Christopher et Hickinbottom, «Positive Psychology, Ethnocentrism, and the Disguised Ideology of Individualism», 2008; Christopher, Richardson et Slife, «Thinking through Positive Psychology», 2008; Becker et Marecek, «Positive Psychology», 2008; Louise Sundararajan, «Happiness Donut. A Confucian Critique of Positive Psychology», *Journal of Theoretical and Philosophical*

Psychology, 25, 1, 2005, p. 35-60; Sam Binkley, «Psychological Life as Enterprise. Social Practice and the Government of Neo-Liberal Interiority», *History of the Human Sciences,* 24, 3, 2011, p. 83-102chological Ethics», *Journal of Theoretical and Philosophical Psychology,* 35, 2, 2015, p. 103-116; Ehrenreich, *Smile or Die,* 2009; Binkley, *Happiness as Enterprise,* 2014.

100. Edgar Cabanas, «Rekindling Individualism, Consuming Emotions. Constructing "Psytizens" in the Age of Happiness», *Culture & Psychology,* 22, 3, 2016, p. 467-480 <doi.org/10.1177/1354067X16655459>; Id., « Positive Psychology and the Legitimation of Individualism», *Theory & Psychology,* 28, 1, 2018, p. 3-19 <doi.org/10.1177/0959354317747988>.

101. Nikolas Rose, *Inventing Our Selves. Psychology, Power and Personhood,* Londres, Cambridge University Press, 1998; Ron Roberts, *Psychology and Capitalism. The Manipulation of Mind,* Alresford, Zero Books, 2015.

102. Seligman, *Authentic Happiness,* 2002, p. 303.

103. *Ibid.*

104. Sundararajan, «Happiness Donut», 2005.

105. Seligman, Authentic Happiness, 2002, p. 129.

106. William Tov et Ed Diener, «Culture and Subjective Well-Being», in E. Diener (dir.), *Culture and Well-Being. The Collected*

Works of Ed Diener, Londres et New York, Springer, 2009, p. 9-42; Ruut Veenhoven, «Quality-of-Life in Individualistic Society», *Social Indicators Research,* 48, 2, 1999, p. 159-188; Id., «Life Is Getting Better. Societal Evolution and Fit with Human Nature», *Social Indicators Research,* 97, 1, 2010, p. 105-122 <-doi.org/10.1007/ s11205-009-9556-0>; Seligman, *Flourish,* 2013; William Tov et Ed Diener, «The Well-Being of Nations. Linking Together Trust, Cooperation, and Democracy», in E. Diener (dir.), *The Science of Well-Being. The Collected Works of Ed Diener,* Londres et New York, Springer, 2009, p. 155-173; Ed Diener, «Subjective Well-Being. The Science of Happiness and a Proposal for a National Index», *American Psychologist,* 55, 2000, p. 34-43.

107. Robert Biswas-Diener, Joar Vitterso et Ed Diener, «Most People Are Pretty Happy, but There Is Cultural Variation. The Inughuit, the Amish, and the Maasai», in E. Diener (dir.), *Culture and Well-Being,* 2009, p. 245-260; Ed Diener, «Introduction. The Science of Well-Being. Reviews and Theoretical Articles by Ed Diener», in E. Diener (dir.), *The Science of Well-Being,* 2009, p. 1-10; Ulrich Schimmack, Shigehiro Oishi et Ed Diener, «Individualism. A Valid and Important Dimension of Cultural Differences Between Nations», *Personality and Social Psychology Review,* 9, 1, 2005, p. 17-31 <doi.

org/10.1207/s15327957pspr0901_2> ; Tov et Diener, «Culture and Subjective Well-Being», 2009.

108. Ed Diener, Marissa Diener et Carol Diener, «Factor Predicting the Subjective Well-Being of Nations», in E. Diener (dir.), *Culture and Well-Being,* 2009, p. 43-70 (p. 67).

109. Veenhoven, «Life Is Getting Better», 2010.

110. Shigehiro Oishi, «Goals as Cornerstones of Subjective Well-Being», in E Diener et E. M. Suh (dir.), *Culture and Subjective Well-Being,* Cambridge, MIT Press, 2000, p. 87-112.

111. Liza G. Steele et Scott M. Lynch, «The Pursuit of Happiness in China. Individualism, Collectivism, and Subjective Well-Being During China's Economic and Social Transformation», *Social Indicators Research,* 114, 2, 2013, p. 441-451 <doi.org/10.1007/ s11205-012-0154-1>.

112. Aaron C. Ahuvia, «Individualism/Collectivism and Cultures of Happiness. A Theoretical Conjecture on the Relationship between Consumption, Culture and Subjective Well-Being at the National Level», *Journal of Happiness Studies*, 3, 1, 2002, p. 23-36 <doi. org/10.1023/A:1015682121103>.

113. Ronald Fischer et Diana Boer, «What Is More Important for National Well-Being: Money or Autonomy? A Meta-Analysis of

Well-Being, Burnout, and Anxiety across 63 Societies», *Journal of Personality and Social Psychology*, 101, 1, 2011, p. 164-184 (p. 164 pour cette citation) <doi.org/10.1037/a0023663>.

114. Navjot Bhullar, Nicola S. Schutte et John M. Malouff, «Associations of Individualistic-Collectivistic Orientations with Emotional Intelligence, Mental Health, and Satisfaction with Life. A Tale of Two Countries», *Individual Differences Research*, 10, 3, 2012, p. 165-175; Ki-Hoon Jun, «Re-Exploration of Subjective Well-Being Determinants. Full-Model Approach with Extended Cross-Contextual Analysis», *International Journal of Wellbeing*, 5, 4, 2015, p. 17-59 <doi.org/10.5502/ijw.v5i4.405>.

115. William Pavot et Ed Diener, «The Satisfaction With Life Scale and the Emerging Construct of Life Satisfaction», *The Journal of Positive Psychology*, 3, 2, 2008, p. 137-52 <doi.org/10.1080/1743976 0701756946>; Ed Diener, Robert A. Emmons et al., «The Satisfaction With Life Scale», *Journal of Personality Assessment*, 49, 1, 1985, p. 71-75 <doi.org/10.1207/s15327752jpa4901_13>.

116. Martin E. P. Seligman, Authentic Happiness, 2002.

117. *Ibid*, p. 58.

118. *Ibid*, p. 55.

119. *Ibid*, p. 50.

120. Sonja Lyubomirsky, *The How of Happiness. A Scientific Approach to Getting the Life You Want* [Le Comment du bonheur. Une approche scientifique qui vous permettra de mener la vie que vous voulez mener]. Sonja Lyubomirsky, *Comment être heureux... et le rester. Augmenter votre bonheur de 40 % !*, trad. de l'anglais (États-Unis) de C. Fort, Paris, Flammarion, 2008 .

121. Barbara Ehrenreich, *Smile or Die,* 2009, p. 172.

122. Layard, *Happiness*, 2005.

123. Id, « Has Social Science a Clue ? », 2003 ; D. Kahneman et A. Deaton, « High Income Improves Evaluation of Life but Not Emotional Well-Being », *Proceedings of the National Academy of Sciences,* 107, 38, 2010, p. 16489-16493 <doi.org/10.1073/pnas.1011492107>.

124. Betsey Stevenson et Justin Wolfers, « Subjective Well-Being and Income. Is There Any Evidence of Satiation ? », *American Economic Review,* 103, 3, 2013, p. 598-604 (p. 604) <doi.org/10.3386/w18992>.

125. *Id*, « Economic Growth and Subjective Well-Being. Reassessing the Easterlin Paradox », *Brookings Papers on Economic Activity*, 39, 1, 2008, p. 1-102 (p. 2).

126. *Ibid*, p. 1 et 29.

127. Dana Becker et Jeanne Marecek, « Dreaming the American

Dream. Individualism and Positive Psychology», *Social and Personality Psychology Compass*, 2, 5, 2008, p. 1767-1780 (p. 1771) <doi.org/10.1111/j.1751-9004.2008.00139.x>.

128. Lyubomirsky, *Comment être heureux...*, 2008.

129. Carmelo Vázquez et Gonzalo Hervás, «El bienestar de las naciones», in Vázquez et Hervás (dir.), *La Ciencia del bienestar. Fundamentos de una psicología positiva*, Madrid, Alianza Editorial, 2009, p. 75-102 et p. 131.

130. Seligman, *Authentic Happiness*, 2002.

131. Jason Mannino, «How To Care For Yourself In Times Of Crisis», *Huffpost*, 17 novembre 2011 <huffingtonpost.com/jason-mannino/how-to-care-for-yourself_b_170438.html>.

132. Voir Heinrich Geiselberger (dir.), *L'Âge de la régression*, trad. de l'anglais et de l'allemand par F. Joly et de l'espagnol par J.-M. Saint-Lu, Paris, Premier Parallèle, 2017.

133. Christopher Lasch, *Le Moi assiégé. Essai sur l'érosion de la personnalité*, trad. de l'anglais (États-Unis) de C. Rosson, Paris, Climats, 2008.

134. Ibid.

135. Michèle Lamont, «Trump's Triumph and Social Science Adrift... What Is to Be Done?», *American Sociological Association*,

2016, p. 8 <asanet.org/trumpstriumph-and-social-science-adrift-what-be-done>.

136. Illouz, *Saving the Modern Soul,* 2008.

137. Cabanas, «Positive Psychology and the Legitimation of Individualism», 2018.

138. Emma Seppälä, «Secrets of a Happier Life», *Time. The Science of Happiness. New Discoveries for a More Joyful Life* [La science du bonheur. De nouvelles découvertes pour une vie plus heureuse], New York, 2016, p. 11-17 et p. 37.

139. Ellen Seidman, «Fourteen Ways to Jump for Joy», *ibid*, p. 16 et p. 34-41.

140. Seppälä, «Secrets of a Happier Life», 2016, p. 77.

141. Kate Pickert, «The Art of Being Present», *ibid*, p. 71-79.

142. Traci Pedersen, «Mindfulness May Ease Depression, Stress in Poor Black Women», *PsychCentral,* 2016 <psychcentral.com/news/2016/08/18/mindfulness-may-ease-depression-stress-in-poor-black-women/108727.html>; Olga R. Sanmartín, «"Mindfulness" en el albergue. Un consuelo para los "sintecho"», *El Mundo,* 7 janvier 2016 <elmundo.es/sociedad/2016/01/07/567d929a-46163fa0578b465d.html>.

143. Jen Wieczner, «Meditation Has Become A Billion-

Dollar Business», *Fortune*, 12 avril 2016 <fortune.com/2016/03/12/ meditation-mindfulness-apps/>.

144. Miguel Farias et Catherine Wikholm, *The Buddah Pill. Can Meditation Change You?*, Londres, Watkins, 2015.

145. Ad Bergsma et Ruut Veenhoven, «The Happiness of People with a Mental Disorder in Modern Society», *Psychology of Well-Being. Theory, Research and Practice,* 1, 2, 2011, p. 1-6 (p. 2) <doi. org/10.1186/2211-1522-1-2>.

146. Seligman, *Flourish,* 2011; Veenhoven, «Life Is Getting Better», 2010; Veenhoven, «Quality-of-Life in Individualistic Society», 1999; Ed Diener et Martin E. P. Seligman, «Very Happy People», *Psychological Science,* 13, 2002, p. 81-84 <doi. org/10.1111/1467-9280.00415>.

147. Brandon H. Hidaka, «Depression as a Disease of Modernity. Explanations for Increasing Prevalence», *Journal of Affective Disorders*, 140, 3, 2012, p. 205-214 <doi.org/10.1016/ j.jad.2011.12.036>; Ethan Watters, Crazy Like Us. The *Globalization of the American Psyche,* New York et Londres, Free Press, 2010; Richard Eckersley, «Is Modern Western Culture a Health Hazard?», International Journal of Epidemiology, 35, 2, 2005, p. 252-258 <doi. org/10.1093/ije/dyi235>; Allan Horwitz et Jerome C. Wakefield, «The

Age of Depression», Public Interest, 158, 2005, p. 39-58 ; Robert Whitaker, *Anatomy of an Epidemic. Magic Bullets, Psychiatric Drugs, and the Astonishing Rise of* Mental Illness in *America*, New York, Crown Publishers, 2010 ; Christopher Lasch, 2008 ; James L. Nolan, Jr., *The Therapeutic State. Justifying Government at Century's End,* New York, New York University Press, 1998.

148.　Robert D. Putnam, *Bowling Alone. The Collapse and Revival of American Community,* New York, Simon and Schuster Paperbacks, 2000.

149.　Peter Walker, «May Appoints Minister to Tackle Loneliness Issues Raised by Jo Cox», *The Guardian,* 16 janvier 2018 <theguardian. com/society/2018/jan/16/may-appoints-minister-tackle-loneliness-issuesraised-jo-cox>; Anushka Asthana, «Loneliness Is a "Giant Evil" of Our Time, Says Jo Cox Commission», *The Guardian,* 10 décembre 2017 <theguardian. com/society/2017/dec/10/loneliness-is-a-giant-evil-of-our-time-says-jocox-commission>.

150.　Charles Taylor, *Les Sources du moi. La formation de l'identité moderne,* trad. de l'anglais de C. Melançon, Paris, Seuil, 1998, Points-Essais, 2018.

151.　Ashis Nandy, *Regimes of Narcissism, Regimes of Despair*, New Delhi, Oxford University Press, 2013, p. 176.

152. Cederström et Spicer, *The Wellness Syndrome,* 2015; Frawley, *Semiotics of Happiness,* 2015; Barbara S. Held, «The "Virtues" of Positive Psychology», *Journal of Theoretical and Philosophical Psychology,* 25, 1, 2005, p. 1-34 <doi.org/10.1037/h0091249>; Alenka Zupančič, The Odd One In, Cambridge, MIT Press, 2008.

153. Illouz, *Saving the Modern Soul,* 2008.

154. Iris B. Mauss et al., «Can Seeking Happiness Make People Unhappy? Paradoxical Effects of Valuing Happiness», *Emotion,* 11, 4, 2011, p. 807-815 <doi.org/10.1037/a0022010>.

155. Paul Rose et Keith W. Campbell, «Greatness Feels Good. A Telic Model of Narcissism and Subjective Well-Being», *Advances in Psychology Research,* 31, 2004, p. 3-26; Hillary C. Devlin et al., «Not As Good as You Think? Trait Positive Emotion Is Associated with Increased Self-Reported Empathy but Decreased Empathic Performance», in M. Iacoboni (dir.), PLoS ONE, 9, 10, octobre 2014 <doi.org/10.1371/journal.pone.0110470>; Joseph P. Forgas, «Don't Worry, Be Sad! On the Cognitive, Motivational, and Interpersonal Benefits of Negative Mood», *Current Directions in Psychological Science,* 22, 3, 2013, p. 225-232 <doi.org/10.1177/0963721412474458>; Jessica L. Tracy et Richard W. Robins,«The Psychological Structure of Pride. A Tale of Two Facets»,

Journal of Personality and Social Psychology, 92, 3, 2007, p. 506-525 <doi.org/10.1037/0022-3514.92.3.506>. Voir également Marino Pérez-Álvarez, «Reflexividad, escritura y génesis del sujeto moderno», *Revista de historia de la psicología,* 36, 1, 2015, p. 53-90.

156. Frawley, *Semiotics of Happiness,* 2015 ; Frank Furedi, «From the Narrative of the Blitz to the Rhetoric of Vulnerability», *Cultural Sociology,* 1, 2, 2007, p. 235-254 <doi.org/10.1177/1749975507078189>; *Id., Therapy Culture. Cultivating Vulnerability in an Uncertain Age,* Londres, Routledge, 2004.

157. Voir Gilles Lipovetsky, *Le Bonheur paradoxal. Essai sur la société d'hyperconsommation*, Paris, Gallimard, 2006, Folio-Essais, 2009.

158. Robert A. Cummins et Helen Nistico, «Maintaining Life Satisfaction. The Role of Positive Cognitive Bias», *Journal of Happiness Studies,* 3, 1, 2002, p. 37-69 <doi.org/10.1023/A:1015678915305>; Adrian J. Tomyn et Robert A. Cummins, «Subjective Wellbeing and Homeostatically Protected Mood. Theory Validation With Adolescents», *Journal of Happiness Studies,* 12, 5, 2011, p. 897-914 <doi.org/10.1007/s10902-010-9235-5>.

159. Bergsma et Veenhoven, «The Happiness of People with a Mental Disorder in Modern Society», 2011 ; Veenhoven, «Life Is

Getting Better», 2010.

160. Vázquez et Hervás, «El bienestar de las naciones», 2009; Seligman, *Flourish*, 2011; *Id., Authentic Happiness*, 2002.

161. Seligman, *Flourish*, 2011, p. 164.

162. The Global Happiness Council, *Global Happiness Policy Report 2018*, New York, 2018 (p. 69) <s3.amazonaws.com/ghc-2018/GlobalHappinessPolicyReport2018.pdf>.

163. Jack Martin et Ann-Marie McLellan, *The Education of Selves. How Psychology Transformed Students*, New York, Oxford University Press, 2013.

164. Cité dans J. Sugarman, «Neoliberalism and Psychological Ethics», 2015, p. 112.

165. <ipositive-education.net/movement/>.

166. The Global Happiness Council [*Global Happiness Policy Report 2018*].

167. Richard Layard et Ann Hagell, «Healthy Young Minds. Transforming the Mental Health of Children», in J. Helliwell, R. Layard et J. Sachs (dir.), *World Happiness Report*, New York, Sustainable Development Solutions Network, 2015, p. 106-30.

168. Martin E. P. Seligman et al., «Positive Education. Positive Psychology and Classroom Interventions», *Oxford*

Review of Education, 35, 3, 2009, p. 293-311 (p. 295) <doi. org/10.1080/03054980902934563>.

169. 066X.58.6-7.466>.

170. K. Reivich et al., «From Helplessness to Optimism. The Role of Resilience in Treating and Preventing Depression in Youth», in S. Goldstein et R. B. Brooks (dir.), *Handbook of Resilience in Children,* New York, Kluwer Academic/Plenum Publishers, 2005, p. 223-237.

171. Lea Waters, «A Review of School-Based Positive Psychology Interventions», *The Australian Educational and Developmental Psychologist,* 28, 2, 2011, p. 75-90 <doi.org/10.1375/aedp.28.2.75>; Seligman, *Flourish,* 2011.

172. N. J. Smelser, «Self-Esteem and Social Problems. An Introduction», in A. M. Mecca, N. J. Smelser et J. Vaconcellos (dir.), *The Social Importance of Self-Esteem,* Berkeley, University of California Press, 1989, p. 1-23.

173. Alison L. Calear et al., «The YouthMood Project. A Cluster Randomized Controlled Trial of an Online Cognitive Behavioral Program with Adolescents», *Journal of Consulting and Clinical Psychology,* 77, 6, 2009, p. 1021-1032 <doi. org/10.1037/a0017391>.

174. Patricia C. Broderick et Stacie Metz, «Learning to BREATHE. A Pilot Trial of a Mindfulness Curriculum for

Adolescents», *Advances in School Mental Health Promotion*, 2, 1, 2009, p. 35-46 <doi.org/10.1080/1754730X.2009.9715696>.

175. Kathryn Ecclestone et Dennis Hayes, *The Dangerous Rise of Therapeutic Education*, Londres et New York, Routledge, 2009.

176. *Ibid*, p. 164.

177. N. J. Smelser, «Self-Esteem and Social Problems», 1989, p. 1.

178. Nathaniel Branden, «In Defense of Self», *Association for Humanistic Psychology*, 1984, p. 12-13 (p. 12).

179. Roy F. Baumeister et al., «Does High Self-Esteem Cause Better Performance, Interpersonal Success, Happiness, or Healthier Lifestyles?», *Psychological Science in the Public Interest*, 4, 1, 2003, p. 1-44 (p. 1) <doi.org/10.1111/1529-1006.01431>.

180. *Ibid*, p. 3.

181. Neil Humphrey, Ann Lendrum et Michael Wigelsworth, *Social and Emotional Aspects of Learning (SEAL) Programme in Secondary School. National Evaluation*, Londres, 2010, p. 2.

182. Leslie M. Gutman et Ingrid Schoon, *The Impact of Non-Cognitive Skills on Outcomes for Young People. Literature Review*, Londres, 2013 (p. 10) <v1.educationendowmentfou.

183. Kathryn Ecclestone, «From Emotional and Psychological Well-Being to Character Education. Challenging Policy Discourses

of Behavioural Science and "vulnerability"», *Research Papers in Education,* 27, 4, 2012, p. 463-480 (p. 476) <doi.org/10.1080/02671522.2012.690241>.

184. Kristján Kristjánsson, *Virtues and Vices in Positive Psychology. A Philosophical Critique,* New York, Cambridge University Press, 2013.

185. Sugarman, «Neoliberalism and Psychological Ethics», 2015, p. 115.

第三章 工作中的积极性

186. Ehrenreich, *Smile or Die,* 2009.

187. Kurt Danziger, *Naming the Mind. How Psychology Found Its Language,* Londres, SAGE, 1997; Roger Smith, *The Norton History of the Human Sciences,* New York, W. W. Norton, 1997. Comme put l'affirmer Abraham Maslow, «nous devons psychologiser la nature humaine»; voir Abraham Maslow, *Devenir le meilleur de soi-même. Besoins fondamentaux, motivation et personnalité,* trad. de l'anglais (États-Unis) de L. Nicolaieff, Paris, Dunod, 2008 et 2013.

188. Daniel Wren, *The Evolution of Management Thought,* New York, John Wiley & Sons, 1994.

189. William G. Scott, *Organizational Theory. A Behavioral*

Analysis for Management, Richard D. Irwin, Inc., 1967.

190. Boltanski et Chiapello, *Le Nouvel Esprit du capitalisme*, 1999, chap. XVIII.

191. Maslow, *Devenir le meilleur de soi-même*, 2008.

192. Zygmunt Bauman, *The Individualized Society*, Cambridge, Polity Press, 2001 ; Beck, *La Société du risque*, 2001 ; Richard Sennett, *Le Travail sans qualités. Les conséquences humaines de la flexibilité*, trad. de l'anglais (États-Unis) de P.-E.Dauzat, Paris, Albin Michel, 2000 ; Boltanski et Chiapello, *Le Nouvel Esprit du capitalisme*, 1999, chap. XVIII.

193. Boltanski et Chiapello, *Le Nouvel Esprit du capitalisme*, 1999, chap. XVIII.

194. Richard Sennett, *La Culture du nouveau capitalisme*, trad. de l'anglais (ÉtatsUnis) de P.-E. Dauzat, Paris, Albin Michel, 2006 ; Boltanski et Chiapello, *Le Nouvel Esprit du capitalisme*, 1999, chap. XVIII.

195. M. Daniels, «The Myth of Self-Actualization», *Journal of Humanistic Psychology*, 28, 1, 1988, p. 7-38 <doi.org/10.1177/0022167888281002>; A. Neher, «Maslow's Theory of Motivation. A Critique», *Journal of Humanistic Psychology*, 31, 3, 1991, p. 89-112 <doi.org/10.1177/0022167891313010>.

196. Edgar Cabanas et J. A. Juan Antonio Huertas, «Psicología positiva y psicología popular de la autoayuda. Un romance histórico, psicológico y cultural», *Anales de psicologia*, 30, 3, 2014, p. 852-864

<doi.org/10.6018/analesps.30.3.169241>; Edgar Cabanas et José Carlos Sánchez-González, «The Roots of Positive Psychology», *Papeles del psicólogo*, 33, 3, 2012, p. 172-182; García, Cabanas et Loredo, «La cura mental de Phineas P. Quimby», 2015.

197. Cabanas et Illouz, «The Making of a "Happy Worker"», 2017; Illouz, *Saving the Modern Soul,* 2008.

198. Edgar Cabanas et José Carlos Sánchez-González, «Inverting the Pyramid of Needs. Positive Psychology's New Order for Labor Success», Psicothema, 28, 2, 2016, p. 107-113 <doi.org/10.7334/psicothema2015.267>.

199. J. K. Boehm et S. Lyubomirsky, «Does Happiness Promote Career Success?», *Journal of Career Assessment,* 16, 1, 2008, p. 101-116 (p. 101) <doi.org/10.1177/1069072707308140>.

200. Olivier Herrbach, «A Matter of Feeling? The Affective Tone of Organizational Commitment and Identification», *Journal of Organizational Behavior*, 27, 2006, p. 629-643 <doi.org/10.1002/job.362>; R. Ilies, B. A. Scott et T. A. Judge, «The Interactive Effects of Personal Traits and Experienced States on Intraindividual Patterns of Citizenship Behavior», *Academy of Management Journal,* 49, 2006, p. 561-575 <doi.org/10.5465/AMJ.2006.21794672>; C. M. Youssef et F. Luthans, «Positive Organizational Behavior in the Workplace. The

Impact of Hope, Optimism, and Resilience », *Journal of Management,* 33, 5, 2007, p. 774-800 <doi.org/10.1177/0149206307305562>.

201. R. A. Baron, « The Role of Affect in the Entrepreneurial Process », *Academy of Management Review,* 33, 2, 2008, p. 328-340 ; Robert J. Baum, Michael Frese et Robert A. Baron (dir.), *The Psychology of Entrepreneurship,* New York,Taylor & Francis Group, 2007 ; Ed Diener, Carol Nickerson et al., « Dispositional Affect and Job Outcomes », *Social Indicators Research,* 59, 2002, p. 229 <doi. org/10.1023/A:1019672513984> ; Katariina Salmela-Aro et Jari Erik Nurmi, « Self-Esteem during University Studies Predicts Career Characteristics 10 Years Later », *Journal of Vocational Behavior,* 70, 2007, p. 463-477 <doi.org/10.1016/j. jvb.2007.01.006> ; Carol Graham, Andrew Eggers et Sandip Sukhtankar, « Does Happiness Pay ? An Exploration Based on Panel Data from Russia », *Journal of Economic Behavior and Organization,* 55, 2004, p. 319-342 <doi.org/10.1016/ j.jebo.2003.09.002>.

202. Timothy A. Judge et Charlice Hurst, « How the Rich (and Happy) Get Richer (and Happier). Relationship of Core Self-Evaluations to Trajectories in Attaining Work Success », *Journal of Applied Psychology,* 93, 4, 2008, p. 849-863 <doi.org/10.1037/0021-9010.93.4.849>.

203. Ed Diener, «New Findings and Future Directions for Subjective WellBeing Research», *American Psychologist,* 67, 8, 2012, p. 590-597 (p. 593) <doi. org/10.1093/acprof>.

204. Shaw Achor, The Happiness Advantage, New York, Random House, 2010, p. 4.

205. Michel Feher, «Self-Appreciation; or, The Aspirations of Human Capital», *Public Culture,* 21, 1, 2009, p. 21-41 <doi. org/10.1215/08992363-2008-019>.

206. F. Luthans, C. M. Youssef et B. J. Avolio, *Psychological Capital. Developing the Human Competitive Edge,* New York, Oxford University Press, 2007; A. Newman et D. Ucbasaran, «Psychological Capital. A Review and Synthesis», *Journal of Organizational Behavior,* 35, 1, 2014, p. 120-138.

207. Jessica Pryce-Jones, *Happiness at Work. Maximizing Your Psychological Capital For Success* [Être heureux au travail. Comment maximiser votre capital psychologique pour réussir], West Sussex, John Wiley & Sons, 2010, p. ix.

208. Tim Smedley, «Can Happiness Be a Good Business Strategy?», *The Guardian,* 20 juin 2012 <theguardian.com/sustainable-business/happy-workforce-business-strategy-wellbeing>.

209. Pryce-Jones, *Happiness at Work,* 2010, p. 28-29.

210. James B. *Avey et al.*, «Meta-Analysis of the Impact of Positive Psychological Capital on Employee Attitudes, Behaviors, and Performance», *Human Resource Development Quarterly,* 22, 2, 2011, p. 127-152 <doi.org/10.1002/hrdq.20070>.

211. Herrbach, «A Matter of Feeling?», 2006; Ilies, Scott et Judge, «The Interactive Effects of Personal Traits and Experienced States...», 2006; Youssef et Luthans, «Positive Organizational Behavior in the Workplace», 2007.

212. Eeva Sointu, «The Rise of an Ideal. Tracing Changing Discourses of Wellbeing», *The Sociological Review,* 53, 2, 2005, p. 255-274 <doi.org/10.1111/j.1467-954X.2005.00513.x>.

213. Arnold B. Bakker et Wilmar B. Schaufeli, «Positive Organizational Behavior. Engaged Employees in Flourishing Organizations», *Journal of Organizational Behavior,* 29, 2, 2008, p. 147-154 <doi.org/10.1002/job.515>; Thomas A. Wright, «Positive Organizational Behavior. An Idea Whose Time Has Truly Come», *Journal of Organizational Behavior,* 24, 4, 2003, p. 437-442 <doi.org/10.1002/job.197>.

214. Gerard Zwetsloot et Frank Pot, «The Business Value of Health Management», *Journal of Business Ethics,* 55, 2, 2004, p. 115-124 <doi.org/10.1007/s10551-004-1895-9>.

215. Joshua Cook, «How Google Motivates Their Employees with Rewards and Perks», *HubPages,* 2012<hubpages.com/business/How-Google-Motivatestheir-Employees-with-Rewards-and-Perks>.

216. Robert Biswas-Diener et Ben Dean, Positive Psychology Coaching. *Putting the Science of Happiness to Work for Your Clients* [Le coaching psychologie positive. Mettre la science du bonheur au service de vos clients], New Yersey, John Wiley & Sons, 2007, p. 190.

217. *Ibid,* p. 195-196.

218. Micki McGee, *Self-Help, Inc. Makeover Culture in American Life,* New York, Oxford University Press, 2005.

219. Alex Linley et George W. Burns, «Strengthspotting. Finding and Developing Client Resources in the Management of Intense Anger», in G. W. Burns (dir.), *Happiness, Healing, Enhancement. Your Casebook Collection for Applying Positive Psychology in Therapy,* New Yersey, John Wiley & Sons, 2010, p. 3-14; Peterson et Seligman, *Character Strengths and Virtues,* 2004.

220. Angel Martínez Sánchez et al., «Teleworking and Workplace Flexibility. A Study of Impact on Firm Performance», Personnel Review, 36, 1, 2007, p. 42-64 (p. 44) <doi.org/10.1108/00483480710716713>.

221. Gabe Mythen, «Employment, Individualization and Insecurity. Rethinking the Risk Society Perspective», *The Sociological Review,* 53, 1,

2005, p. 129-149 <doi.org/10.1111/j.1467-954X.2005.00506.x>.

222. Louis Uchitelle et N. R. Kleinfield, «On the Battlefields of Business, Millions of Casualties», *The New York Times,* 1996 <nytimes. com>.

223. Eduardo Crespo et María Amparo Serrano-Pascual, «La psicologización del trabajo. La desregulación del trabajo y el gobierno de las voluntades», *Teoría y crítica de la psicología,* 2, 2012, p. 33-48.

224. Commission des communautés européennes, *Vers des principes communs de flexicurité : des emplois plus nombreux et de meilleure qualité en* combinant flexibilité et sécurité, communication au Parlement européen, au Conseil, au Comité économique et social européen et au Comité des régions, Bruxelles, 2007, p. 10.

225. Sennett, *Le Travail sans qualités,* 2000.

226. F. Luthans, G. R. Vogelgesang et P. B. Lester, «Developing the Psychological Capital of Resiliency», *Human Resource Development Review,* 5, 1, 2006, p. 25-44 <doi.org/10.1177/1534484305285335>.

227. Debra Jackson, Angela Firtko et Michel Edenborough, «Personal Resilience as a Strategy for Surviving and Thriving in the Face of Workplace Adversity. A Literature Review», *Journal of Advanced Nursing,* 60, 1, 2007, p. 1-9 <doi.org/10.1111/j.1365-2648.2007.04412.x>.

228. Voir ici <bls.gov> et <ec.europa.eu/eurostat/statistics-explained/index. php/Employment_statistics>.

229. <blog.linkedin.com/2016/04/12/will-this-year_s-college-grads-job-hopmore-than-previous-grads>.

230. Alison Doyle, « How Often Do People Change Jobs ? », The Balance, mai 2017 <thebalance.com/how-often-do-people-change-jobs-2060467>.

231. Salvatore R. Maddi et Deborah M. Khoshaba, *Resilience at Work. How to Succeed No Matter What Life Throws at You* [La Résilience au travail. Comment réussir en toutes circonstances], New York, American Management Association, 2005, p. 1.

232. Charles S. Carver, Michael F. Scheier et Suzanne C. Segerstrom, « Optimism », *Clinical Psychology Review,* 30, 7, 2010, p. 879-89 <doi.org/10.1016/j. cpr.2010.01.006> ; Robert Weis, « You Want Me to Fix It ? Using Evidence-Based Interventions to Instill Hope in Parents and Children », in G. W. Burns (dir.), *Happiness, Healing, Enhancement,* 2012, p. 64-75 <doi.org/10.1002/9781118269664. ch6> ; Shane J. Lopez, C. R. Snyder et Jennifer T. Pedrotti, « Hope. Many Definitions, Many Measures », in Shane J. Lopez et C. R. Snyder (dir.), *Positive Psychological Assessment. A Handbook of Models and Measures,* Washington, American Psychological Association, 2003,

p. 91-106 <doi.org/10.1037/10612-006>; K. Reivich et J. Gillham, «Learned Optimism. The Measurement of Explanatory Style», ibid, p. 57-74 <doi.org/10.1037/10612-004>.

233. Peterson et Seligman, *Character Strengths and Virtues,* 2004, p. 38.

234. Michela Marzano, *Programados para triunfar. Nuevo capitalismo, gestión empresarial, y vida privada,* Barcelone, Tusquets, 2012.

235. Maria Konnikova, «What Makes People Feel Upbeat at Work», *The New Yorker,* 30 juillet 2016.

第四章 待售的幸福自我

236. <possibilitychange.com/steps-to-change-my-life>.

237. Voir Illouz (dir.), *Les Marchandises émotionnelles,* 2019 (N.d.T.).

238. Christopher Lasch, *La Culture du narcissisme,* trad. de l'anglais (États-Unis) de Michael L. Landa, Paris, Climats, 2000 et Champs-Flammarion, 2008.

239. Binkley, *Happiness as Enterprise,* 2014, p. 163.

240. Wilhelm Hofmann et al., «Yes, But Are They Happy? Effects of Trait SelfControl on Affective Well-Being and Life Satisfaction»,

Journal of Personality, 82, 4, 2014, p. 265-277 <doi.org/10.1111/ jopy.12050>; Derrick Wirtz et al., «Is the Good Life Characterized by Self-Control? Perceived Regulatory Success and Judgments of Life Quality», *The Journal of Positive Psychology*, 11, 6, 2016, p. 572-583 <doi.org/10.1080/17439760.2016.1152503>; Denise T. D. de Ridder et al., «Taking Stock of Self-Control», *Personality and Social Psychology Review*, 161, 2012, p. 76-99 <doi.org/10.1177/1088868311418749>.

241. Heidi Marie Rimke, «Governing Citizens through Self-Help Literature», Cultural Studies, 14, 1, 2000, p. 61-78 <doi. org/10.1080/095023800334986>; Fernando Ampudia de Haro, «Administrar el yo. Literatura de autoayuda y gestión del comportamiento y los afectos», *Revista española de investigaciones sociológicas (REIS)*, 113, 1, 2006, p. 49-75; Sam Binkley, «Happiness, Positive Psychology and the Program of Neoliberal Governmentality», *Subjectivity*, 4, 4, 2011, p. 371-394 <doi.org/10.1057/sub.2011.16>; Nikolas Rose, *Inventing Our Selves. Psychology, Power and Personhood*, Londres, Cambridge University Press, 1998.

242. Sur les «styles émotionnels», cf. la p.145 du présent ouvrage. Voir également Reivich et Gillham, «Learned Optimism», 2003.

243. Weis, «You Want Me to Fix It?», 2012.

244 Lopez, Snyder et Pedrotti, «Hope», 2003, p. 94.

245 Carver, Scheier et Segerstrom, «Optimism», 2010, p. 1.

246 Sonja Lyubomirsky, *Comment être heureux...*, 2008.

247 Marc A. Brackett, John D. Mayer et Rebecca M. Warner, «Emotional Intelligence and Its Relation to Everyday Behaviour», *Personality and Individual Differences*, 36, 6, 2004, p. 1387-1402 (p. 1389) <doi.org/10.1016/S0191-8869(03)00236-8>.

248. Illouz, *Cold Intimacies*, 2007 ; Lipovetsky, *Le Bonheur paradoxal*, 2006.

249. <my.happify.com/>.

250. Annika Howells, Itai Ivtzan et Francisco Jose Eiroa-Orosa, «Putting the "app" in Happiness. A Randomised Controlled Trial of a Smartphone-Based Mindfulness Intervention to Enhance Wellbeing», *Journal of Happiness Studies*, 17, 1, 2016, p. 163-185 <doi. org/10.1007/s10902-014-9589-1>.

251. Nelson Espeland et Stevens, «A Sociology of Quantification», 2008; Nikolas Rose, «Governing by Numbers. Figuring out Democracy», *Accounting, Organizations and Society*, 16, 7, 1991, p. 673-692 <doi. org/10.1016/0361-3682(91)90019-B>.

252. Carl R. Rogers, *Le Développement de la personne*, trad. de l'anglais (ÉtatsUnis) de E. L. Herbert, Paris, Interéditions, 1966 et

2018.

253. Ibid.

254. Id., «Some Observations on the Organization of Personality», *American Psychologist,* 2, 1947, p. 358-368 (p. 362).

255. Maslow, *Devenir le meilleur de soi-même,* 2008.

256. Peterson et Seligman, *Character Strengths and Virtues,* 2004, p. 29.

257. T. D. Hodges et D. O. Clifton, «Strengths-Based Development in Practice»,in A. Linley et S. Joseph (dir.), *Positive Psychology in Practice,* New Jersey, John Wiley & Sons, 2004, p. 256-258 (p. 258).

258. Voir ici Kenneth Gergen, The Saturated Self, New York, Basic Books, 1991, et Isaiah Berlin, *Four Essays on Liberty,* Oxford, Oxford University Press, 1968.

259. Linley et Burns, «Strengthspotting», 2010, p. 10.

260. Seligman, *Authentic Happiness,* 2002.

261. James H. Gilmore et Joseph B. Pine, *Authenticity. What Consumers Really Want,* Boston, Harvard Business School Press, 2007.

262. G. Redden, «Makeover Morality and Consumer Culture», *in D. Heller (dir.), Reading Makeover Television. Realities Remodelled,* Londres, I. B. Tauris, 2007, p. 150-164.

263. Linley et Burns, «Strengthspotting», 2010, p. 10.

264. Bill O'Hanlon, «There Is a Fly in the Urinal. Developing Therapeutic Possibilities from Research Findings», *in Burns* (dir.), *Happiness, Healing, Enhancement*, 2012, p. 303-314 (p. 312).

265. Daniel J. Lair, Katie Sullivan et George Cheney, «Marketization and the Recasting of the Professional Self. The Rhetoric and Ethics of Personal Branding», *Management Communication Quarterly*, 18, 3, 2005, p. 307-343 <doi. org/10.1177/0893318904270744>.

266. Donna Freitas, *The Happiness Effect. How Social Media Is Driving a Generation to Appear Perfect at Any Cost* [L'Effet bonheur. Comment les réseaux sociaux poussent une génération à paraître parfaite à n'importe quel prix], New York, Oxford University Press, 2017, p. 13-15.

267. Ehrenreich, *Smile or Die*, 2009.

268. Freitas, *The Happiness Effect*, 2017, p. 71.

269. *Ibid.*, p. 77.

270. Corey L. M. Keyes et Jonathan Haidt (dir.), *Flourishing. Positive Psychology and the Life Well-Lived* [S'épanouir. La psychologie positive et la vie réussie], Washington D. C., American Psychological Association, 2003.

271. Seligman, *Flourish*, 2011.

272. Ibid.

273. Lahnna I. Catalino et Barbara L. Fredrickson, «A Tuesday in the Life of a Flourisher. The Role of Positive Emotional Reactivity in Optimal Mental Health», *Emotion,* 11, 4, 2011, p. 938-950 <doi. org/10.1037/a0024889>; Barbara L. Fredrickson, *Positivity,* New York, Crown, 2009; Judge et Hurst, «How the Rich (and Happy)...», 2008.

274. Seligman, *Flourish,* 2011, p. 13.

275. Sonja Lyubomirsky, Laura King et Ed Diener, «The Benefits of Frequent Positive Affect. Does Happiness Lead to Success?», *Psychological Bulletin,* 131, 2005, p. 803-855 <doi.org/10.1037/0033-2909.131.6.803>; Fredrickson, *Positivity,* 2009.

276. Seligman, *Flourish,* 2011, p. 13.

277. Beck et Beck-Gernsheim, *Individualization,* 2002.

278. Carl Cederström et André Spicer, *Desperately Seeking Self-Improvement. A Year Inside the Optimization Movement,* New York et Londres, OR Books, 2017, p. 10.

279. John Schumaker, «The Happiness Conspiracy», *New Internationalist,* 2 juillet 2006 <newint.org/columns/essays/2006/07/01/happiness-conspiracy>.

280. <positivepsychologytoolkit.com/>.

281. Kennon M. Sheldon et Sonja Lyubomirsky, «How to Increase

and Sustain Positive Emotion. The Effects of Expressing Gratitude and Visualizing Best Possible Selves», *The Journal of Positive Psychology*, 1, 2, 2006, p. 73-82 (p. 76-77) <doi.org/10.1080/17439760500510676>.

282. Ibid.

283. Lyubomirsky, *Comment être heureux...*, 2008.[Dans notre traduction (*N.d.T*)].

284. Ibid.

285. Voir ici Michel Foucault, «Usage des plaisirs et techniques de soi», in Dits *et écrits. 1954-1988, t. II : 1976-1988,* Paris, Gallimard, Quarto, 2001, p. 1358-1380 (N.d.T.).

286. Mongrain et Anselmo-Matthews, «Do Positive Psychology Exercises Work?», 2012, p. 383.

287. Sheldon et Lyubomirsky, «How to Increase and Sustain Positive Emotion», 2006.

288. Cabanas, «Rekindling Individualism, Consuming Emotions», 2016; Id., «"Psytizens"», 2018.

289. Illouz, *Saving the Modern Soul*, 2008.

290. Sugarman, «Neoliberalism and Psychological Ethics», 2015.

291. Peter Greer et Chris Horst, *Entrepreneurship for Human Flourishing (Values and Capitalism)* , Washington, American Enterprise Institute for Public Policy Research, 2014.

292. <blog.approvedindex.co.uk/2015/06/25/map-entrepreneurship-aroundthe-world/>.

第五章 幸福新标准

293. Gretchen Rubin, *The Happiness Project. Or, Why I Spent a Year Trying to Sing in the Morning, Clean My Closets, Fight Right, Read Aristotle, and Generally Have More Fun* [Le projet bonheur...], New York, HarperCollins Publishers, 2009.

294. Lyubomirsky, *Comment être heureux...*, 2008.

295. Zupančič, *The Odd One In*, 2008, p. 216.

296. Kennon M. Sheldon et Laura King, « Why Positive Psychology Is Necessary », *American Psychologist*, 56, 3, 2001, p. 216-217 <doi.org/10.1037/0003-066X.56.3.216>.

297. Marie Jahoda, *Current Concepts of Positive Mental Health*, New York, Basic Books, 1958 <doi.org/10.1037/11258-000>.

298. Boehm et Lyubomirsky, « Does Happiness Promote Career Success ? », 2008 ; Catalino et Fredrickson, « A Tuesday in the Life of a Flourisher », 2011 ; Diener, « New Findings and Future Directions for Subjective Well-Being Research », 2012 ; Judge et Hurst, « How the Rich (and Happy)... », 2008 ; Lyubomirsky, King et Diener, « The Benefits of Frequent Positive Affect », 2005.

299. Illouz, *Cold Intimacies,* 2007.

300. Barbara S. Held, «The Negative Side of Positive Psychology», *Journal of Humanistic Psychology,* 44, 1, 2004, p. 9-46 (p. 12).

301. Seligman, *Authentic Happiness,* 2002, p. 178.

302. *Ibid.,* p. 129.

303. Lisa G. Aspinwall et Ursula M. Staudinger, «A Psychology of Human Strengths: Some Central Issues of an Emerging Field», in *Aspinwall et Staudinger (dir.), A Psychology of Human Strengths. Fundamental Questions and Future Directions for a Positive Psychology,* Washington, American Psychological Association, 2003, p. 9-22 (p. 18).

304. Laura A. King, «The Hard Road to the Good Life. The Happy, Mature Person», *Journal of Humanistic Psychology,* 41, 1, 2001, p. 51-72 (p. 53) <doi.org/10.1177/0022167801411005>.

305. Barbara L. Fredrickson, «Cultivating Positive Emotions to Optimize Health and Well-Being», Prevention & Treatment, 3, 1, 2000 <doi.org/10.1037/1522-3736.3.1.31a>; Barbara L. Fredrickson et T. Joiner, «Positive Emotions», in C. R.Snyder et S. J. Lopez (dir.), Handbook of Positive Psychology, 2002, p. 120-134.

306. Barbara L. Fredrickson, «Updated Thinking on Positivity Ratios», *American Psychologist* 68, 9, 2013, p. 814-22 <doi.

org/10.1037/a0033584>.

307. Barbara L. Fredrickson et M. F. Losada, «Positive Affect and the Complex Dynamics of Human Flourishing», *American Psychologist*, 60, 7, 2005, p. 678-686 (p. 678) <doi.org/10.1037/0003-066X.60.7.678>.

308. Fredrickson, «Updated Thinking on Positivity Ratios», 2013.

309. *Ibid.*

310. Barbara L. Fredrickson, «The Role of Positive Emotions in Positive Psychology. The Broaden-and-Build Theory of Positive Emotions», *American Psychologist,* 56, 3, 2001, p. 218-226 (p. 221) <doi.org/10.1037/0003-066X.56.3.218>.

311. Fredrickson, *Positivity,* 2009.

312. Fredrickson, «The Role of Positive Emotions in Positive Psychology», 2001, p. 223.

313. Fredrickson, «Updated Thinking on Positivity Ratios», 2013, p. 6.

314. Ibid.

315. Ibid., p. 5.

316. Ibid., p. 2.

317. Fredrickson et Losada, «Positive Affect and the Complex Dynamics of Human Flourishing», 2005.

318. Elisha Tarlow Friedman, Robert M. Schwartz et David A.

F. Haaga, «Are the Very Happy Too Happy?», *Journal of Happiness Studies*, 3, 4, 2002, p. 355-372 <doi.org/10.1023/A:1021828127970>.

319. Fredrickson, *Positivity*, 2009, p. 122.

320. Barbara L. Fredrickson et Laura E. Kurtz, «Cultivating Positive Emotions to Enhance Human Flourishing», in S. I. Donaldson, M. Csikszentmihalyi et J. Nakamura (dir.), *Applied Positive Psychology. Improving Everyday Life, Health, Schools, Work, and Society*, New York, Routledge, 2011, p. 35-47 (p. 42).

321. Nicholas J. L. Brown, Alan D. Sokal et Harris L. Friedman, «The Complex Dynamics of Wishful Thinking. The Critical Positivity Ratio», *The American Psychologist*, 68, 9, 2013, p. 801-813 (p. 801) <doi.org/10.1037/a0032850>.

322. Ibid., p. 812.

323. Fredrickson, «Updated Thinking on Positivity Ratios», 2013, p. 1.

324. Ibid.

325. Ibid., p. 6.

326. Jerome Kagan, *What Is Emotion? History, Measures, and Meanings*, New Haven, Yale University Press, 2007; Margaret Wetherell, *Affect and Emotions. A New Social Science Understanding*, Londres, SAGE Publications, 2012.

327. Deborah Lupton, *The Emotional Self. A Sociocultural*

Exploration, Londres, SAGE Publications, 1998.

328. Ute Frevert, *Emotions in History. Lost and Found,* Budapest, Central European University Press, 2011 ; Richard S. Lazarus et Bernice N. Lazarus, *Passion and Reason. Making Sense of Our Emotions,* New York et Oxford, Oxford University Press, 1994 ; Michael Lewis, Jeannette Haviland-Jones et Lisa Feldman Barret (dir.), *Handbook of Emotions,* New York, Londres, The Guildford Press, 2008 ; Barbara H. Rosenwein, « Worrying About Emotions in History », *The American Historical Review,* 107, 3, 2002, p. 821-845 ; Margaret Wetherell, *Affect and Emotions,* 2012.

329. Catharine A. MacKinnon, Are Women Human? And Other International Dialogues, Cambridge et Londres, Harvard University Press, 2007.

330. Jack M. Barbalet, *Emotion, Social Theory, and Social Structure. A Macrosociological Approach,* Cambridge, Cambridge University Press, 2004 ; Arlie Russell Hochschild, *The Outsourced Self. Intimate Life in Market Times,* New York, Metropolitan Books, 2012.

331. Illouz, *Pourquoi l'amour fait mal,* 2012 ; *Id.,* « Emotions, Imagination and Consumption. A New Research Agenda », *Journal of Consumer* Culture, 9, 3, 2009 <doi.org/10.1177/1469540509342053>.

332. Horace Romano Harré, *Physical Being. A Theory for a*

Corporeal Psychology, Oxford, Basil Blackwell, 1991.

333. Ehrenreich, *Smile or Die,* 2009 ; Sundararajan, «Happiness Donut», 2005 ; Cabanas et Sánchez-González, «The Roots of Positive Psychology», 2012.

334. Lazarus, «Does the Positive Psychology Movement Have Legs?», 2003.

335. Kagan, *What Is Emotion?,* 2007, p. 8.

336. Lazarus, «Does the Positive Psychology Movement Have Legs?», 2003.

337. Forgas, «Don't Worry, Be Sad!», 2013 ; Hui Bing Tan et Joseph P. Forgas, «When Happiness Makes Us Selfish, but Sadness Makes Us Fair. Affective Influences on Interpersonal Strategies in the Dictator Game», *Journal of Experimental Social Psychology,* 46, 3, 2010, p. 571-576 <doi.org/10.1016/j.jesp.2010.01.007>.

338. Marino Pérez-Álvarez, «Positive Psychology. Sympathetic Magic», *Papeles del psicologo,* 33, 3, 2012, p. 183-201.

339. Anthony Storr, *Human Agression,* Harmondsworth, Penguin Books Ltd., 1992.

340. Svetlana Boym, *The Future of Nostalgia,* New York, Basic Books, 2001.

341. Jens Lange et Jan Crusius, «The Tango of Two Deadly

Sins. The SocialFunctional Relation of Envy and Pride», *Journal of Personality and Social Psychology,* 109, 3, 2015, p. 453-472 <doi. org/10.1037/pspi0000026>.

342. Marino Pérez-Álvarez, «Positive Psychology and Its Friends. Revealed», *Papeles del psicologo,* 34, 2013, p. 208-226; Mauss et al., «Can Seeking Happiness Make People Unhappy?», 2011; Pérez-Álvarez, «The Science of Happiness», 2016.

343. Tan et Forgas, «When Happiness Makes Us Selfish, but Sadness Makes Us Fair», 2010, p. 574.

344. Devlin et al., «Not As Good as You Think», 2014; Joseph P. Forgas et Rebekah East, «On Being Happy and Gullible. Mood Effects on Skepticism and the Detection of Deception», *Journal of Experimental Social Psychology*, 44, 5, 2008, p. 1362-1367 <doi. org/10.1016/j.jesp.2008.04.010>; Jaihyun Park et Mahzarin R. Banaji, «Mood and Heuristics. The Influence of Happy and Sad States on Sensitivity and Bias in Stereotyping», Journal of Personality and Social Psychology, 78, 6, 2000, p. 1005-1023 <doi.org/10.1037/0022-3514.78.6.1005>.

345. Joseph P. Forgas, «On Being Happy and Mistaken. Mood Effects on the Fundamental Attribution Error», *Journal of Personality and Social Psychology,* 72, 1, 1998, p. 318-331; Forgas, «Don't Worry,

Be Sad!», 2013.

346. Peterson et Seligman, *Character Strengths and Virtues,* 2004.

347. Daniel Lord Smail, «Hatred as a Social Institution in Late-Medieval Society», Speculum, 76, 1, 2001, p. 90-126 <doi. org/10.2307/2903707>.

348. Barbalet, *Emotion, Social Theory, and Social Structure,* 2004.

349. Spencer E. Cahill, «Embarrassability and Public Civility. Another View of a Much Maligned Emotion», in D. D. Franks, M. B. Flaherty et C. Ellis (dir.), *Social Perspectives on Emotions,* Greenwich, JAI, 1995, p. 253-271.

350. Arlie Russell Hochschild, «The Sociology of Feeling and Emotion. Selected Possibilities», *Sociological Inquiry,* 45, 2-3, 1975, p. 280-307 <doi.org/10.1111/j.1475-682X.1975.tb00339.x>.

351. Voir Axel Honneth, La Lutte pour la reconnaissance, trad. de l'allemand de P. Rusch, Paris, Gallimard, «Folio-Essais», 2013.

352. Tim Lomas et Itai Ivtzan, «Second Wave Positive Psychology. Exploring the Positive–Negative Dialectics of Wellbeing», *Journal of Happiness Studies,* 17, 4, 2016, p. 1753-1768 <doi. org/10.1007/s10902-015-9668-y>.

353. Martin. E. P. Seligman, *Helplessness. On Depression, Development, and Death,* New York, W. H. Freeman/Times Books/

Henry Holt, 1975.

354. Seligman, «Building Resilience», 2011.

355. Luthans, Vogelgesang et Lester, «Developing the Psychological Capital of Resiliency», 2006; A. S. Masten et M. J. Reed, «Resilience in Development», in Snyder et Lopez (dir.), *Handbook of Positive Psychology,* 2003, p. 74-88; Reivich et al., «From Helplessness to Optimism», 2005.

356. Michele M. Tugade et Barbara L. Fredrickson, «Resilient Individuals Use Positive Emotions to Bounce Back From Negative Emotional Experiences», *Journal of Personality and Social Psychology,* 86, 2, 2004, p. 320-333 (p. 320) <doi.org/10.1037/0022-3514.86.2.320>.

357. Michael Rutter, «Psychosocial Resilience and Protective Mechanisms», *American Journal of Orthopsychiatry,* 57, 3, 1987, p. 316-331 <doi. org/10.1111/j.1939-0025.1987.tb03541.x>; Ann S. Masten, Karin M. Best et Norman Garmezy, «Resilience and Development. Contributions from the Study of Children Who Overcome Adversity», *Development and Psychopathology,* 2, 4, 1990, p. 425 <doi.org/10.1017/S0954579400005812>.

358. Lawrence G. Calhoun et Richard G. Tedeschi (dir.), *Handbook of Posttraumatic Growth. Research and Practice*, Mahwah,

Lawrence Erlbaum Associates, 2006.

359. Keyes et Haidt (dir.), *Flourishing,* 2003 ; P. Alex Linley et Stephen Joseph, « Positive Change Following Trauma and Adversity. A Review », *Journal of Traumatic Stress,* 17, 1, 2004, p. 11-21 <doi. org/10.1023/B:JOTS.0000014671.27856.7e> ; Richard G. Tedeschi et Lawrence G. Calhoun, « Posttraumatic Growth. Conceptual Foundations and Empirical Evidence », *Psychological Inquiry,* 15, 1, 2004, p. 1-18 <doi.org/10.1207/s15327965pli1501_01>.

360. Linley et Joseph (dir.), *Positive Psychology in Practice,* 2004, p. 17.

361. Enric C. Sumalla, Cristian Ochoa et Ignacio Blanco, « Posttraumatic Growth in Cancer. Reality or Illusion ? », *Clinical Psychology Review,* 29, 1, 2009, p. 24-33 <doi.org/10.1016/ j.cpr.2008.09.006> ; Patricia L. Tomich et Vicki S. Helgeson, « Is Finding Something Good in the Bad Always Good ? Benefit Finding Among Women With Breast Cancer », *Health Psychology,* 23, 1, 2004, p. 16-23 <doi.org/10.1037/0278-6133.23.1.16>.

362. Seligman, *Flourish,* 2011, p. 159.

363. Boltanski et Chiapello, *Le Nouvel Esprit du capitalisme,* 1999, chap. XVIII.

364. Cabanas et Illouz, « The Making of a "Happy Worker" », 2017 ; *Id.,* « Fit fürs Gluck », 2015.

365. Seligman, «Building Resilience», 2011.

366. Martin E. P. Seligman et Raymond D. Fowler, «Comprehensive Soldier Fitness and the Future of Psychology», *American Psychologist*, 66, 2011, p. 82-86 <doi.org/10.1037/a0021898>; Seligman, *Flourish*, 2011.

367. *Ibid.*, p. 181. Les italiques cont ceux du texte original.

368. Nicholas J. L. Brown, «A Critical Examination of the U. S. Army's Comprehensive Soldier Fitness Program», *The Winnower*, 2, 2015, <doi.org/10.15200/winn.143751.17496>.

369. Roy Eidelson et Stephen Soldz, «Does Comprehensive Soldier Fitness Work? CSF Research Fails the Test», *Coalition Ethical Psychology*, document de travail no1, mai 2012, p. 1-12.

370. *Ibid.*, p. 1.

371. Thomas W. Britt et al., «How Much Do We Really Know About Employee Resilience?», *Industrial and Organizational Psychology*, 9, 2, 2016, p. 378-404 <doi.org/10.1017/iop.2015.107>; John Dyckman, «Exposing the Glosses in Seligman and Fowler's (2011) Straw-Man Arguments», *American Psychologist*, 66, 7, 2011, p. 644-645 <doi.org/10.1037/a0024932>; Harris L. Friedman et Brent Dean Robbins, «The Negative Shadow Cast by Positive Psychology. Contrasting Views and Implications of Humanistic and Positive Psychology on Resiliency», *The Humanistic Psychologist*, 40, 1,

2012, p. 87-102 <doi.org/10.1080/08873267.2012.643720>; Sean

Phipps, «Positive Psychology and War. An Oxymoron», *American Psychologist*, 66, 7, 2011, p. 641-642 <doi.org/10.1037/a0024933>.

372. Brown, «A Critical Examination of the U. S. Army's Comprehensive Soldier Fitness Program», 2015, p. 13.

373. Angela Winter, «The Science Of Happiness. Barbara Fredrickson On Cultivating Positive Emotions», *Positivity*, 2009 <positivityratio.com/sun.php>.

374. Martha C. Nussbaum, *La Fragilité du bien. Fortune et éthique dans la tragé- die et la philosophie grecques*, trad. de l'anglais (États-Unis) de G. Colonna d'Is tria, R. Frapet et al., Paris, éditions de l'Éclat, 2016.

375. Ruth Levitas, *Utopia as Method. The Imaginary Reconstruction of Society, New York,* Palgrave Macmillan, 2013.

376. Jean Baudrillard, *Simulacre et Simulations,* Paris, Galilée, 1985.

377. Veenhoven, «Life Is Getting Better», 2010; Bergsma et Veenhoven, «The Happiness of People with a Mental Disorder in Modern Society», 2011; Ad Bergsma et al., «Most People with Mental Disorders Are Happy. A 3-Year Follow-up in the Dutch General Population», *The Journal of Positive Psychology,* 6, 4, 2011, p. 253-259

<doi.org/10.1080/17439760.2011.577086>.

378. Veenhoven, «Life Is Getting Better», 2010, p. 107.

379. *Ibid.*, p. 120.

380. Seligman, *Authentic Happiness,* 2002, p. 266.

381. Emmanuel Levinas, *Entre nous. Essais sur le penser-à-l'autre,* Paris, Grasset, 1991, Le Livre de poche, 1993.

382. Sidney Hook, *Pragmatism and the Tragic Sense of Life,* New York, Basic Books, 1974.

结论

383. Julio Cortázar, *Cronopes et Fameux,* Paris, Gallimard, Quarto, 2008, «Pré-ambule aux Instructions pour remonter une montre», p. 371-372 (N.d.T.).

384. Terry Eagleton, *Hope without Optimism,* New Haven, Yale University Press, 2015.

385. Robert Nozick, *Anarchie, État et utopie,* trad. de l'anglais (États-Unis) de P. -E. Dauzat, Paris, PUF, Quadrige, 2007.

致　谢

这部作品是许多人的智慧、创意和共同努力的成果。

首先，我们要感谢为这部作品撰写计划的实施和最终问世起决定作用的巴黎文理研究大学。伊瓦·伊洛斯荣获优秀学者奖告诉我们，学者进行学术研究一定要远离商业行为。其次，我们要感谢《世界报》的记者尼古拉·威伊，是他最先建议伊瓦·伊洛斯撰写一部以心理学为主题的作品。此外，我们要感谢《世界报》"辩论"栏目的负责人、为这部作品特地撰文的尼古拉·图欧格。最后，我们还要感谢艾米丽·普缇，是她坚持认为这一主题有可能也有必要写成一部作品。如果没有这样的洞察能力，这部作品就根本无法诞生。

感谢所有那些孜孜不倦地追求积极情绪和幸福的人，是他们在追求幸福的过程中，为我们证明了这一行为其实是根本不起什么作用的。